GÉOMÉTRIE

ANALYTIQUE,

Par A. DELISLE,

Chevalier de la Légion d'honneur, Examinateur pour l'admission à l'École navale,
Professeur émérite et Officier de l'Université ;

ET

GERONO,

Professeur de Mathématiques.

DEUXIÈME PARTIE.

PARIS,

MALLET-BACHELIER, GENDRE ET SUCCESSEUR DE BACHELIER,

Imprimeur-Libraire

DU BUREAU DES LONGITUDES ET DE L'ÉCOLE IMPÉRIALE POLYTECHNIQUE,

Quai des Augustins, 55.

1854

PARIS. — IMPRIMERIE DE MALLET-BACHELIER,
rue du Jardinet, n° 12.

GÉOMÉTRIE ANALYTIQUE.

ENSEIGNEMENT COMPLÉMENTAIRE.

GÉOMÉTRIE A TROIS DIMENSIONS.

Théorie des projections.

Des coordonnées rectilignes.

TABLE DES MATIÈRES.

DEUXIÈME PARTIE.

GÉOMÉTRIE ANALYTIQUE A TROIS DIMENSIONS.

CHAPITRE PREMIER.

THÉORÈMES SUR LES PROJECTIONS.

CHAPITRE DEUXIÈME.

DES COORDONNÉES ET DES LIEUX DANS L'ESPACE.

CHAPITRE TROISIÈME.

PROBLÈMES SUR LA LIGNE DROITE.

CHAPITRE QUATRIÈME.

DU PLAN.

CHAPITRE CINQUIÈME.

TRANSFORMATION DES COORDONNÉES RECTILIGNES.

CHAPITRE SIXIÈME.

SURFACES DU SECOND DEGRÉ.

Discussion des surfaces douées d'un centre.

Discussion des surfaces dépourvues de centre.

Nature des sections planes des surfaces du second degré.

CHAPITRE SEPTIÈME.

DE LA DISCUSSION D'UNE ÉQUATION NUMÉRIQUE DU SECOND DEGRÉ A TROIS VARIABLES.

§ I. — *Surfaces qui ont un centre unique.*

§ II. — *Surfaces qui ont une infinité de centres.*

CHAPITRE HUITIÈME.

DES SURFACES SPHÉRIQUES, CONIQUES ET CYLINDRIQUES.

GÉOMÉTRIE ANALYTIQUE

A TROIS DIMENSIONS.

CHAPITRE PREMIER.

THÉORÈMES SUR LES PROJECTIONS.

311. Lorsqu'une *droite finie* AB et une *droite indéfinie* OX (*fig.* 168) sont ou ne sont pas dans un même plan, et que, des extrémités de la première, on abaisse sur l'autre les perpendiculaires AA', BB' qui, en général, ne sont point parallèles, la distance A'B' est ce qu'on nomme la *projection* de AB sur OX, et ces deux lignes ont entre elles une relation remarquable. En effet, si, par le point B, on imagine un plan MBB' perpendiculaire à OX, et que l'on mène jusqu'à ce plan la droite AC parallèle à OX, le triangle ACB sera rectangle en C, et l'angle BAC $= \alpha$ sera ce qu'on appelle l'angle de AB avec OX. Or ce triangle donne

$$AC = AB \cos \alpha,$$

ou bien

$$(1) \qquad A'B' = AB \cos \alpha :$$

ainsi, *la projection d'une droite sur une autre est égale à la première droite multipliée par le cosinus de l'angle qu'elles font entre elles.*

312. Considérons un système de plusieurs droites consécutives telles que ABCD (*fig.* 169), et par les sommets A ,

B, C, D menons des plans perpendiculaires à l'axe OX :
les points A′, B′, C′, D′, où ils coupent cet axe, sont les
projections des sommets, et les longueurs A′B′, B′C′, C′D′
sont les projections des côtés successifs AB, BC, CD. Traçons la droite AD, que nous nommerons *ligne résultante* :
cette droite a évidemment A′D′ pour projection. Repré-
sentons par d, d', d'' les côtés consécutifs, par α, α', α''
les angles qu'ils forment avec les lignes AE, BE′, CE″ me-
nées parallèlement à OX, et toutes dans le même sens ; par
Δ la résultante AD, et par φ l'angle DAE ; les projections
de ces diverses lignes seront exprimées par $d \cos \alpha$, $d' \cos \alpha'$,
$d'' \cos \alpha''$, $\Delta \cos \varphi$. Or, quand les angles α, α', α'' sont aigus,
les cosinus sont positifs, et, par suite, les produits précé-
dents le sont aussi : il est visible d'ailleurs qu'on obtient A′D′
en ajoutant les projections A′B′, B′C′, C′D′ ; donc on a

$$(2) \qquad d \cos \alpha + d' \cos \alpha' + d'' \cos \alpha'' = \Delta \cos \varphi.$$

S'il y a des angles obtus, par exemple si DCE″ ou α'' est
obtus (*fig.* 170), il faut retrancher la projection C′D′ des
précédentes pour avoir A′D′. Mais alors $d'' \cos \alpha''$ est aussi
un produit négatif ; donc la formule ci-dessus donne encore
la valeur de A′D′ ou $\Delta \cos \varphi$. Quel que soit, en général, le
nombre des côtés placés entre les sommets extrêmes, il est
aisé de voir que les angles obtus donnent des projections
qu'il faut soustraire de celles qui correspondent aux angles
aigus, et comme l'expression de chaque projection est positive ou négative, suivant que l'angle est aigu ou obtus, il
en résulte que la formule (2) a lieu sans exception. Cette
formule est la traduction algébrique de la proposition suivante :

*La somme des projections de plusieurs droites consécu-
tives sur un axe quelconque est égale à la projection de la
ligne résultante.*

313. Donnons à l'axe de projection différentes positions.

Supposons-le d'abord parallèle à la résultante ; alors

$$\varphi = 0, \qquad \text{d'où} \qquad \Delta \cos \varphi = \Delta :$$

c'est la plus grande valeur que le produit puisse avoir. Quand l'axe est dans un plan perpendiculaire à la résultante, on a

$$\varphi = 90^{\circ} \qquad \text{et} \qquad \Delta \cos \varphi = 0.$$

Enfin, si l'axe en changeant de position continue de faire le même angle avec la résultante, le produit $\Delta \cos \varphi$ ne changera pas. On déduit de là les conséquences suivantes :

1°. La somme des projections de plusieurs droites consécutives est la plus grande possible, quand l'axe de projection est parallèle à la résultante, et cette somme maximum est égale à la résultante elle-même ;

2°. La somme des projections est nulle sur tous les axes perpendiculaires à la résultante ;

3°. Cette somme reste la même pour tous les axes qui font des angles égaux avec la résultante.

314. Soit OG (*fig. 171*) une droite donnée, et soient OX, OY, OZ trois axes perpendiculaires entre eux ; si par le point G on mène des plans parallèles aux plans YOZ, XOZ, YOX, on forme un parallélipipède rectangle dont les arêtes contiguës OA, OB, OC sont les projections de OG sur les trois axes. Or le carré de la diagonale étant égal à la somme des carrés des trois côtés contigus, il en résulte que *la somme des carrés des projections d'une droite sur trois axes rectangulaires est égale au carré de cette droite.*

Si l'on veut convertir cet énoncé en formule, on fera

$$OG = d, \quad OA = f, \quad OB = g, \quad OC = h,$$

et l'on aura

$$f^2 + g^2 + h^2 = d^2.$$

Quand on supose $OG = 1$, il est visible que $DA = \cos GOX$,

$OB = \cos GOY$, $OC = \cos GOZ$; donc, en désignant ces trois angles par α, β, γ, on obtient

$$\cos^2 \alpha + \cos^2 \beta + \cos^2 \gamma = 1;$$

c'est-à-dire que *la somme des carrés des cosinus des angles qu'une droite fait avec trois axes rectangulaires est égale à l'unité*.

315. Le théorème 311 subsiste pour *une surface plane projetée sur un plan* quelconque. Considérons d'abord un triangle dont un des côtés soit parallèle au plan sur lequel on projette la figure : on pourra, sans altérer l'étendue de la projection, supposer que ce plan contienne le côté auquel il était parallèle. Soit donc ABC (*fig.* 172) un triangle dont un côté PC soit situé dans le plan de projection MN : en abaissant sur MN la perpendiculaire AA', le triangle ABC aura pour projection A'BC. Cela posé, menons A'H perpendiculaire sur BC, et tirons AH. Cette dernière ligne sera aussi perpendiculaire sur BC, et, par suite, l'angle AHA' mesurera l'inclinaison du plan ABC sur le plan MN. Nous représenterons cet angle par α. Les deux triangles A'BC et ABC ayant même base BC, sont entre eux comme leurs hauteurs A'H et AH, c'est-à-dire qu'on a

$$\frac{A'BC}{ABC} = \frac{A'H}{AH} = \frac{AH \cos \alpha}{AH} = \cos \alpha;$$

d'où l'on conclut

$$A'BC = ABC \cos \alpha.$$

Si le triangle ABC (*fig.* 173) est dans une position quelconque par rapport au plan de projection, on pourra supposer que ce plan passe par l'un des sommets B. Soit A'BC' la projection de ABC; en prolongeant AC jusqu'à sa rencontre avec le plan MN, le point D sera sur A'C', et les triangles A'BD, C'BD seront les projections de ABD et CBD.

D'après ce qui précède, on aura

$$A'BD = ABD \cos \alpha, \quad C'BD = CBD \cos \alpha;$$

et, par conséquent, en prenant la différence,

$$A'B'C' = ABC \cos \alpha.$$

La proposition qui vient d'être démontrée pourrait être présentée de la manière suivante :

Soit $A'B'C'$ (*fig.* 174) la projection du triangle ABC sur un plan quelconque MN ; la figure $ABCA'B'C'$ est un tronc de prisme triangulaire. Si l'on abaisse $A'H$ perpendiculaire sur le plan ABC, l'angle des droites $A'A$ et $A'H$ sera celui de $A'B'C'$ ou de MN avec ABC. En désignant toujours cet angle par α, on aura

$$A'H = AA' \cos \alpha;$$

par suite, la pyramide dont le sommet est A' et la base ABC, sera exprimée par

$$\tfrac{1}{3} ABC \cos \alpha \times AA',$$

puisque sa hauteur

$$A'H = AA' \cos \alpha.$$

Les pyramides dont les sommets sont B' et C' auront pour expressions de leurs volumes

$$\tfrac{1}{3} ABC \cos \alpha \times BB', \quad \tfrac{1}{3} ABC \cos \alpha \times CC'.$$

Par conséquent, si l'on représente par V le volume du tronc de prisme, on obtiendra

$$V = \tfrac{1}{3} ABC \cos \alpha \, (AA' + BB' + CC').$$

D'une autre part, si l'on prend $A'B'C'$ pour base, on trouvera

$$V = \tfrac{1}{3} A'B'C' \, (AA' + BB' + CC');$$

donc, enfin,

$$A'B'C' = ABC \cos \alpha.$$

316. Maintenant, soient P un polygone plan, et P' sa projection sur un plan fixe. Si l'on décompose le premier en

triangles T, T', T'', etc., dont les projections soint t, t', t'', etc., on aura (n° 315)

$$t = T \cos \alpha, \quad t' = T' \cos \alpha, \quad t'' = T'' \cos \alpha, \ldots,$$

et, en ajoutant membre à membre, il viendra

$$P' = P \cos \alpha.$$

Ce résultat s'étend au cas d'une aire plane S terminée par *une ligne courbe ou mixte;* car, en y inscrivant un polygone P, et en désignant par S' et P' les projections de ces deux surfaces sur le plan fixe, on voit sans peine qu'à mesure qu'on multipliera les côtés du polygone, les deux quantités constantes S' et $S \cos \alpha$ seront *les limites* des deux quantités variables P' et $P \cos \alpha$: or, d'après la formule précédente, ces deux dernières étant toujours égales entre elles, on en conclut que leurs limites sont aussi égales, c'est-à-dire que

$$S' = S \cos \alpha.$$

Donc, en général, *la projection d'une aire plane quelconque* sur un plan, est égale au produit de cette aire par le cosinus de l'angle que font entre eux les deux plans.

317. Si l'on projette la *surface plane* P sur trois plans rectangulaires avec lesquels elle forme les angles α, β, γ, on aura, pour les trois projections P', P'', P''' de cette surface,

$$P' = P \cos \alpha, \quad P'' = P \cos \beta, \quad P''' = P \cos \gamma;$$

puis, en faisant la somme des carrés, et se rappelant (n° 314) que $\cos^2 \alpha + \cos^2 \beta + \cos^2 \gamma = 1$, on sera conduit à cette relation remarquable

$$P'^2 + P''^2 + P'''^2 = P^2.$$

CHAPITRE DEUXIÈME.

DES COORDONNÉES ET DES LIEUX DANS L'ESPACE.

318. Pour déterminer la position des différents points de l'espace, on les rapporte à trois axes fixes formant un angle polyèdre. Ordinairement, ces plans sont perpendiculaires entre eux ; mais nous ne ferons d'abord aucune supposition particulière. Soient (*fig.* 175) XOX', YOY', ZOZ' les intersections deux à deux des plans que l'on considère, et M un point situé comme on voudra dans l'espace. Menons par ce point trois plans parallèles aux trois plans fixes, savoir : MBDC parallèle au plan YOZ, et qui coupe la ligne X'X en D ; MAEC parallèle au plan XOZ, et qui coupe Y'Y en E ; enfin MBFA parallèle au plan XOY, et qui coupe Z'Z en F. Le point M sera déterminé quand on connaîtra les points D, E, F ; car en menant par ces points des plans respectivement parallèles aux trois plans fixes, ils se rencontreront au point M. D'une autre part, ces points se déterminent eux-mêmes au moyen des distances OD, OE, OF qu'on affecte du signe $+$ ou du signe $-$, suivant leur situation à l'égard du point O.

Les distances OD, OE, OF prises avec les signes qui leur appartiennent se nomment les *coordonnées* du point M. Les droites X'X, Y'Y, Z'Z sont les *axes* des coordonnées ; le point O où elles se rencontrent en est l'*origine,* et les plans XOY, XOZ, YOZ sont appelés plans des *coordonnées* ou simplement plans *coordonnés*. Comme on désigne les coordonnées d'une manière générale par x, y, z, on dit que X'X, Y'Y, Z'Z sont les axes des x, des y et des z, que XOY est le plan des xy, etc. On comprend sans peine que les plans et les axes des coordonnées doivent être regardés comme indéfinis.

319. Les trois plans menés par le point M forment avec ceux des coordonnées un parallélipipède ; par suite, on peut prendre indifféremment pour les coordonnées du point M, soit les distances OD, OE, OF qui sont sur les axes, soit les distances MA, MB, MC parallèles aux axes et partant du point M, soit encore les distances OD, CD, CM.

320. Les plans coordonnés, qu'on suppose prolongés indéfiniment, forment évidemment huit angles trièdres. Si l'on regarde comme positives les coordonnées comptées sur les axes OX, OY, OZ, et comme négatives celles qui sont comptées sur les prolongements OX′, OY′, OZ′, en désignant par a, b, c, les valeurs absolues des coordonnées du point M, quand ce point sera situé dans l'angle

$$
\begin{array}{llll}
\text{OXYZ}, & \text{on aura} & x = +a, & y = +b, & z = +c, \\
\text{OX′YZ}, & & x = -a, & y = +b, & z = +c, \\
\text{OXY′Z}, & & x = +a, & y = -b, & z = +c, \\
\text{OXYZ′}, & & x = +a, & y = +b, & z = -c, \\
\text{OX′Y′Z}, & & x = -a, & y = -b, & z = +c, \\
\text{OX′YZ′}, & & x = -a, & y = +b, & z = -c, \\
\text{OXY′Z′}, & & x = +a, & y = -b, & z = -c, \\
\text{OX′Y′Z′}, & & x = -a, & y = -b, & z = -c. \\
\end{array}
$$

Ce n'est qu'en ayant ainsi égard aux valeurs et aux signes de ses coordonnées que la position d'un plan sera fixée complétement. Il est visible que si ces longueurs étaient données d'une manière générale, on devrait, pour chacun des axes, les prendre des deux côtés de l'origine, et qu'alors on trouverait huit points différents.

Si l'une des coordonnées est nulle, le point est sur le plan des deux autres. Par exemple, si l'on a

$$x = a, \quad y = b, \quad z = o,$$

il est dans le plan des xy. Lorsque deux coordonnées sont nulles, le point est situé sur l'axe de la troisième. Ainsi, en prenant

$$x = a, \quad y = 0, \quad z = 0,$$

il sera sur l'axe des x. Enfin, le point est placé à l'origine quand on a en même temps

$$x = 0, \quad y = 0, \quad z = 0.$$

Les points A, B, C où les lignes menées du point M parallèlement aux axes rencontrent les plans coordonnés, se nomment les *projections* du point M, et ces projections sont dites *orthogonales* ou *obliques*, selon qu'elles sont faites par des perpendiculaires ou par des obliques.

Les coordonnées du point M de l'espace étant a, b, c, il est visible qu'on a

$$x = a, \quad y = b, \quad z = 0,$$

pour la projection C sur le plan des xy ;

$$x = a, \quad y = 0, \quad z = c,$$

pour la projection B sur le plan des xz ;

$$x = 0, \quad y = b, \quad z = c,$$

pour la projection A sur le plan des yz.

321. Considérons maintenant une surface quelconque, et supposons qu'on ait pris arbitrairement deux des coordonnées, par exemple

$$x = \text{OD} \quad \text{et} \quad y = \text{CD} :$$

en menant la droite CM (*fig.* 175) parallèle à OZ, elle ira rencontrer la surface en un point M, ou en plusieurs points qui seront complétement déterminés. On conclut de là qu'il doit exister entre x, y, z une relation telle, que deux de ces quantités étant données, on puisse en déduire les valeurs de la troisième. L'équation qui exprime cette relation se nomme *l'équation de la surface* ; et, réciproquement, *la surface est le lieu de l'équation.*

On est ainsi conduit à regarder une équation entre x, y, z comme représentant une surface. Démontrons cette proposition importante. Soit

$$F(x, y, z) = 0$$

l'équation dont il s'agit. Donnons à la variable z, par exemple, une certaine valeur γ, et traçons sur le plan des xy la courbe qui est représentée par l'équation résultante

$$F(x, y, \gamma) = 0.$$

Si par tous ses points nous menons à OZ (*fig.* 176) des parallèles qui soient égales à γ, nous formerons une courbe plane, égale et parallèle à celle que nous avons tracée sur le plan des xy, et qui sera telle, que les coordonnées de chacun de ses points seront des solutions de l'équation

$$F(x, y, z) = 0,$$

les points correspondants des deux courbes ayant toujours le même x et le même y. Si l'on donne à z de nouvelles valeurs γ', γ'', γ''', etc., on obtiendra de nouvelles courbes parallèles au plan des xy, et qui pourront être aussi rapprochées les unes des autres qu'on le voudra; par conséquent, le lieu géométrique d'une équation à trois variables est *une surface* dont la nature dépend de la forme de la fonction F.

322. Lorsque l'équation proposée ne renferme que deux variables, comme

$$F(x, y) = 0,$$

nous ferons remarquer que si l'on ne considère que les points du plan des xy, l'équation représente en général, sur ce plan, une ligne CD. En menant par les différents points de cette ligne des parallèles à l'axe OZ, on obtiendra une *surface cylindrique*, dans le sens général de ce mot. Or un point quelconque H de cette surface, quel que soit le z, aura toujours le même x et le même y que sa projection M; par conséquent, les coordonnées d'un point quelconque de ce cylindre satisferont à la relation

$$F(x, y) = 0,$$

qui ne contient pas la variable z, tandis que tout point G pris hors de la surface, ayant une projection K qui ne tombe pas sur la courbe CD, ne pourra vérifier par ses coordonnées

$$x = OL, \quad y = KL,$$

l'équation de la surface. On doit conclure de là que l'équation

$$F(x, y) = 0$$

représente une surface cylindrique parallèle à l'axe OZ. Une conséquence semblable s'applique aux équations

$$F(x, z) = 0, \quad F(y, z) = 0.$$

Donc *toute équation entre deux variables appartient à une surface cylindrique dont les génératrices sont parallèles à l'axe sur lequel on compte les coordonnées qui n'entrent pas dans l'équation*, et dont la *trace* sur le plan des deux autres est représentée par cette même équation. Ajoutons toutefois que si l'on voulait définir analytiquement la courbe CD, il faudrait employer les équations simultanées

$$F(x, y) = 0 \quad \text{et} \quad z = 0,$$

parce qu'alors il n'y aurait plus, sur tout le cylindre, que les points de sa base qui vérifieraient les deux relations.

323. On peut conclure, comme cas particulier du précédent, que si l'équation à deux variables est du premier degré, c'est-à-dire de la forme

$$y = ax + b,$$

elle appartient, non-seulement *à une droite* RS, dont on sait déterminer la position sur le plan des xy, mais encore à tous les points du plan RST, mené par cette droite parallèlement à l'axe OZ : ce plan, en effet, n'est autre chose qu'un cylindre dont la base serait rectiligne.

Quand l'équation ne contient qu'une coordonnée, comme

$$F(x) = 0,$$

on en tire pour cette coordonnée des valeurs constantes, et chacune de ces valeurs, quand elle est réelle, détermine un plan parallèle à celui des autres coordonnées. En effet, si $x = a$ est une de ces valeurs, et si l'on mène, parallèlement au plan des yz, un plan qui rencontre l'axe des x à une distance a de l'origine, à droite ou à gauche, suivant le signe de a, il est visible que pour tous les points de ce plan, x est égal à a, et que pour tous les points hors de ce plan, x est différent de a. Donc *toute équation à une seule variable représente un système de plans parallèles aux deux axes dont les coordonnées n'entrent pas dans cette équation.*

Il est clair alors que

$$z = 0$$

est l'équation caractéristique du plan XY, et que

$$y = 0, \quad x = 0$$

représentent les deux autres plans coordonnés XZ et YZ.

On conclut de ce que nous venons de dire que les égalités

$$x = a, \quad y = b, \quad z = c,$$

prises séparément, représentent trois plans parallèles à ceux des coordonnées ; donc, étant prises simultanément, elles déterminent le point d'intersection des trois plans. Ce point est celui qui a pour coordonnées a, b, c, et, pour cette raison, on dit que

$$x = a, \quad y = b, \quad z = c$$

sont les *équations de ce point.*

324. *Une équation à une, deux ou trois variables peut ne représenter qu'un système de lignes ou de points isolés, ou même ne rien représenter,* suivant qu'elle peut se décomposer en deux ou trois autres, ou qu'elle ne peut être vérifiée par aucun système de valeurs réelles. Ainsi, les équations

$$x^2 + a^2 = 0, \quad x^2 + y^2 + a^2 = 0, \quad x^2 + y^2 + z^2 + a^2 = 0$$

ne représentent rien.

L'équation

$$(x - a)^2 + (y - b)^2 + (z - c)^2 = 0$$

représente le point (a, b, c); car elle ne peut être vérifiée qu'en posant à la fois

$$x = a, \quad y = b, \quad z = c,$$

c'est-à-dire qu'elle n'admet qu'un système de valeurs réelles. Mais l'équation

$$(x - a)^2 + (y - b)^2 = 0$$

étant satisfaite, quel que soit z, par

$$x = a, \quad y = b,$$

représente par conséquent tous les points qui ont le point (a, b) pour projection sur le plan de xy, c'est-à-dire l'intersection des plans dont les équations sont

$$x = a, \quad y = b.$$

325. Actuellement, si l'on considère *deux équations simultanées*

$$F(x, y, z) = 0, \quad F_1(x, y, z) = 0,$$

c'est-à-dire dans lesquelles les variables seront censées recevoir à la fois les mêmes valeurs, ce qui n'en laisse plus qu'une seule arbitraire, z par exemple, ce système représentera une ligne droite ou courbe, puisqu'il ne pourra convenir qu'aux points situés en même temps sur les deux surfaces, c'est-à-dire à leur commune section. Réciproquement, le seul moyen qu'on ait pour définir une courbe dans l'espace étant d'assigner deux surfaces connues dont elle soit l'intersection, on ne pourra représenter analytiquement cette ligne que par deux équations simultanées. Les équations des deux surfaces qui contiennent une ligne, étant prises conjointement, se nomment les *équations de cette ligne.* Comme il existe une infinité de surfaces différentes qui passent par une même ligne, il y a aussi une infinité de surfaces qui peuvent, prises deux à deux, représenter cette ligne. On fait disparaître l'indétermination en prenant, pour les deux surfaces, des cylindres parallèles à deux des axes coordonnés. Ainsi, pour représenter une courbe MM'M"... (*fig.* 177) située d'une manière quelconque dans l'espace, on imagine pour tous les points de cette ligne des parallèles à l'axe OZ; ces droites, dont l'ensemble formera bien une surface cylindrique, rencontreront le plan XY suivant une ligne CC'C"..., qui, en général, sera une courbe, et que l'on nomme la *projection* de MM'M"... sur ce plan. Si l'on conçoit de même par la ligne MM'M"..., deux cylindres parallèles l'un à OX, l'autre à OY, on obtiendra les deux autres projections AA'A"..., BB'B"..., et la courbe dans l'espace sera évidemment déterminée dès que l'on donnera deux de ses projections, puisqu'alors elle devra se trouver à l'intersection de deux cylindres connus.

326. Or, les deux projections BB'B"... et AA'A"..., par exemple, sont déterminées par des équations de la forme

$$(1) \qquad \begin{cases} f(x, z) = 0, \\ f_1(y, z) = 0, \end{cases}$$

ou bien

$$(2) \qquad \begin{cases} x = \varphi(y), \\ y = \psi(z), \end{cases}$$

lesquelles, dans leur généralité, représentent les deux cylindres projetants qui ont pour bases les courbes BB″ et AA″; donc la courbe sera déterminée par les équations (1) ou (2).

327. Une ligne étant déterminée quand on connaît ses projections sur deux plans coordonnés, sa projection sur le troisième doit s'ensuivre nécessairement. En effet, soient a, b, c les coordonnées d'un point quelconque de la courbe qui a pour équations

$$f(x, z) = 0 \quad \text{et} \quad f_1(y, z) = 0,$$

a et b seront les coordonnées de la projection de ce point sur le plan XY. Or, si entre ces deux équations on élimine z, il est visible que l'équation résultante

$$\lambda(x, y) = 0$$

aura pour solutions tous les couples de valeurs de x et de y, qui, conjointement avec certaines valeurs de z, vérifient les équations proposées; donc elle est satisfaite par $x = a$ et $y = b$, et, par conséquent, par les coordonnées de tous les points de la droite qui projette le point (a, b, c) sur le plan XY; c'est donc l'équation du cylindre projetant de la courbe sur ce plan.

Il résulte de là que, *quand on connaîtra les équations de deux surfaces quelconques, il suffira, pour obtenir l'équation du cylindre qui projetterait leur commune section sur un des plans coordonnés, d'éliminer entre ces équations la variable que l'on compte sur l'axe qui n'est pas dans ce plan.*

328. On conclut facilement de ce qui précède, que le moyen le plus simple de représenter une droite située dans l'espace, doit être de se donner les projections de cette droite sur deux des plans coordonnés, sur XZ et YZ par exemple, et comme on sait que ces projections sont des lignes droites, leurs équations seront de la forme

$$(1) \qquad x = az + p$$

et

$$(2) \qquad y = bz + q.$$

Dans ces équations, p et q sont les distances de l'origine aux points où les projections de la droite donnée coupent respectivement les axes des x et des y, et a et b sont les tangentes des angles que ces projections font avec celui des z, si les coordonnées sont rectangulaires. Dans le cas où les coordonnées sont obliques, a et b représentent des rapports de sinus.

Si entre les deux équations ci-dessus on élimine z, on trouvera, pour l'équation de la projection de la droite sur le plan XY,

$$y - q = \frac{b}{a} (x - p).$$

329. Nous devons faire remarquer que les équations (1) et (2), prises dans toute leur généralité, ne représentent pas seulement les projections de la droite, mais deux plans respectivement parallèles aux y et aux x. Ils sont les *plans projetants* de la droite, et c'est parce qu'ils contiennent cette droite que leur système la détermine.

330. Enfin, si l'on veut trouver la trace d'une droite sur un des plans coordonnés, celui des xy par exemple, on se rappellera (n° 323) que l'équation $z = 0$ caractérise tous les points de ce plan. Cette condition introduite dans les équations (1) et (2), donnera $x = p$, $y = q$ pour les coordonnées du point cherché.

CHAPITRE TROISIÈME.
PROBLÈMES SUR LA LIGNE DROITE.

331. **Problème I.** — *Trouver les équations d'une droite assujettie à passer par deux points donnés.*

Soient x', y', z' et x'', y'', z'' les coordonnées des deux points. Les équations de la droite doivent être de la forme

$$(1) \qquad x = az + p,$$

$$(2) \qquad y = bz + q.$$

Or, les points (x', y', z'), (x'', y'', z'') appartenant à la droite, leurs coordonnées doivent vérifier les équations (1) et (2), et l'on a les relations

$$(3) \qquad x' = az' + p,$$
$$(4) \qquad y' = bz' + q;$$
$$(5) \qquad x'' = az'' + p,$$
$$(6) \qquad y'' = bz'' + q,$$

desquelles on pourrait tirer les valeurs des quatre constantes, pour les substituer ensuite dans les équations (1) et (2); mais on arrive d'une manière plus élégante à un résultat équivalent, en suivant la méthode du n° **41** : on trouve successivement

$$x - x' = a(z - z'),$$
$$y - y' = b(z - z'),$$
$$x' - x'' = a(z' - z''),$$
$$y' - y'' = b(z' - z''),$$

d'où

$$a = \frac{x' - x''}{z' - z''}, \qquad b = \frac{y' - y''}{z' - z''},$$

et, par suite,

$$x - x' = \frac{x' - x''}{z' - z''}\,(z - z'),$$

$$y - y' = \frac{y' - y''}{z' - z''}\,(z - z').$$

Ces deux dernières équations sont celles de la droite demandée.

Remarque. — Quant aux équations

$$x - x' = a\,(z - z'),$$

$$y - y' = b\,(z - z'),$$

elles appartiennent à une droite quelconque passant par le point (x', y', z'), puisqu'elles sont satisfaites par le système $x = x'$, $y = y'$, $z = z'$. Les constantes a et b restent indéterminées, par la raison qu'on peut mener une infinité de droites par un même point.

332. PROBLÈME II. — *Trouver les équations d'une droite qui passe par un point donné et qui soit parallèle à une droite donnée.*

Soient

$$x = az + p, \quad y = bz + q$$

les équations de la droite donnée, et soient x', y', z' les coordonnées du point; puisque la droite cherchée doit passer par ce point, ses équations pourront se mettre sous la forme

$$x - x' = a'\,(z - z'), \quad y - y' = b'\,(z - z'),$$

a' et b' étant encore inconnus.

Les droites étant parallèles, les plans projetants de ces droites et, par suite, leurs projections sur chacun des plans des xz et des yz, sont parallèles. Ainsi on a nécessairement (42)

$$a' = a, \quad b' = b,$$

ce qui conduit à

$$x - x' = a\,(z - z'), \quad y - y' = b\,(z - z')$$

pour les équations de la droite demandée.

Si le point donné était l'origine, les équations de la seconde droite seraient évidemment

$$x = az, \quad y = bz.$$

333. Problème III. — *Trouver le point d'intersection de deux droites dont on connaît les équations.*

Soient

(1) $$x = az + p,$$
(2) $$y = bz + q,$$

et

(3) $$x = a'z + p',$$
(4) $$y = b'z + q'$$

les équations des deux droites.

Observons d'abord que les variables x et y prennent, en général, des valeurs très-différentes dans les systèmes (1) et (2), (3) et (4) pour une même hypothèse $z = z'$; néanmoins, si les deux droites se coupent, les coordonnées du point commun devront vérifier à la fois les deux systèmes, et, par conséquent, elles s'obtiendront en regardant x, y, z *comme des inconnues qui ont les mêmes valeurs dans ces quatre équations.* Il s'agit de les résoudre sous ce point de vue; et comme leur nombre est supérieur d'une unité à celui des inconnues, il devra exister *une équation de condition*, sans laquelle le problème sera impossible, parce qu'en effet, deux droites dans l'espace ne se rencontrent pas toujours.

Les équations (1) et (3), (2) et (4), retranchées successivement l'une de l'autre, donnent

$$0 = (a - a')\,z + p - p', \quad \text{d'où} \quad z = \frac{p' - p}{a - a'};$$

$$0 = (b - b')\,z + q - q', \quad \text{d'où} \quad z = \frac{q' - q}{b - b'}.$$

31.

Or ces valeurs de z doivent être égales ; on a donc

$$\frac{p'-p}{a-a'} = \frac{q'-q}{b-b'},$$

ou

$$(5) \qquad (p'-p)(b-b') - (q'-q)(a-a') = 0.$$

Telle est la relation qui doit exister entre les constantes pour que les droites se rencontrent.

En supposant cette relation satisfaite, on obtient les coordonnées du point d'intersection par la substitution de la valeur de z, soit dans les équations (1) et (2), soit dans les équations (3) et (4). On trouve ainsi

$$z = \frac{p'-p}{a-a'} \quad \text{ou} \quad \frac{q'-q}{b-b'},$$

$$x = \frac{ap'-pa'}{a-a'}, \quad y = \frac{bq'-qb'}{b-b'}.$$

Lorsque l'on a $a' = a$ et $b' = b$, les droites sont parallèles, l'équation de condition est vérifiée, et les valeurs de x, y, z sont infinies.

334. PROBLÈME IV. — *Connaissant les équations d'une droite, trouver les angles qu'elle forme avec les trois axes.*

Dans ce problème et dans les suivants, nous supposerons les axes rectangulaires.

Soient

$$x = az + p, \quad y = bz + q$$

les équations de la droite donnée.

Comme cette ligne ne rencontre pas généralement les axes, les angles dont il s'agit sont ceux que forment avec ces mêmes axes une droite OD (*fig.* 178), menée par l'origine parallèlement à la droite primitive.

Les équations de OD sont (n° 332)

$$x = az, \quad y = bz.$$

Prenons sur cette ligne une longueur arbitraire $OM' = r$, et désignons par x', y', z' les coordonnées de l'extrémité M', nous aurons, pour déterminer leurs valeurs, les trois équations

$$x' = az', \quad y' = bz', \quad x'^2 + y'^2 + z'^2 = r^2 ;$$

nous en tirerons

$$z' = \frac{r}{\sqrt{a^2 + b^2 + 1}}, \quad y' = \frac{br}{\sqrt{a^2 + b^2 + 1}}, \quad x' = \frac{ar}{\sqrt{a^2 + b^2 + 1}}.$$

Cela posé, si nous achevons le parallélipipède déterminé par les trois coordonnées du point M', et si nous désignons par α, β, γ les angles cherchés $M'OX$, $M'OY$, $M'OZ$, nous obtiendrons, par les triangles rectangles $M'OA$, $M'OB$, $M'OC$, les relations

$$\cos \alpha = \frac{OA}{OM'} = \frac{x'}{r},$$

$$\cos \beta = \frac{OB}{OM'} = \frac{y'}{r},$$

$$\cos \gamma = \frac{OC}{OM'} = \frac{z'}{r} ;$$

et, en y mettant les valeurs des coordonnées trouvées ci-dessus, il viendra

$$(d) \quad \begin{cases} \cos \alpha = \dfrac{a}{\sqrt{a^2 + b^2 + 1}}, \\[2mm] \cos \beta = \dfrac{b}{\sqrt{a^2 + b^2 + 1}}, \\[2mm] \cos \gamma = \dfrac{1}{\sqrt{a^2 + b^2 + 1}}. \end{cases}$$

335. Nous ferons observer :

1°. Que ces cosinus contiennent un radical susceptible de recevoir le double signe $\pm$; mais on devra toujours l'affecter du même signe dans les trois cosinus, ce qui ne fournira que deux systèmes de valeurs répondant aux *deux angles supplémentaires* formés par la partie OD, et par son prolongement OE *avec les demi-axes positifs,* car c'est ainsi qu'on doit mesurer les angles d'une droite avec les axes coordonnés.

2°. Que *ce radical pris positivement* se rapportera toujours aux trois angles que forme avec les axes la partie OD, qui est au-dessus du plan XY, ou qui fait un angle aigu avec OZ, puisque alors, dans les formules (d), la valeur de $\cos \gamma$ étant positive, l'angle γ doit être aigu. Il est clair que, suivant les signes de a et de b, les deux autres angles α et β seront aigus ou obtus.

336. En ajoutant les équations (d), après les avoir élevées au carré, on obtient la relation

$$\cos^2 \alpha + \cos^2 \beta + \cos^2 \gamma = 1,$$

trouvée précédemment (n° **314**).

337. PROBLÈME V. — *Trouver l'angle de deux droites dont on connaît les équations.*

Soient

$$x = az + p,$$
$$y = bz + q,$$

et

$$x = a'z + p',$$
$$y = b'z + q'$$

les équations des deux droites.

Ces lignes ne se rencontrant pas en général, nous leur mènerons par un même point, l'origine des coordonnées, par exemple, des parallèles OD et OD′, dont les équations seront (n° **333**)

$$x = az,$$
$$y = bz,$$

et

$$x = a'z,$$
$$y = b'z.$$

Prenons sur ces droites $OM' = OM'' = 1$ ($fig.$ 178), joignons M' et M'', et représentons par V l'angle cherché DOD'; nous aurons, d'après un théorème connu,

$$\overline{M'M''}^2 = \overline{OM'}^2 + \overline{OM''}^2 - 2\,OM' \times OM'' \cos V.$$

Mais si l'on désigne par x', y', z' et par x'', y'', z'' les coordonnées des deux points M' et M'', l'équation deviendra

$$(x' - x'')^2 + (y' - y'')^2 + (z' - z'')^2 = 1 + 1 - 2\cos V$$
$$= 2 - 2\cos V;$$

et en développant les carrés, elle se réduira à

$$(c) \qquad \cos V = x'x'' + y'y'' + z'z'',$$

puisqu'on a

$$x'^2 + y'^2 + z'^2 = 1 \quad \text{et} \quad x''^2 + y''^2 + z''^2 = 1.$$

Donc maintenant, tout revient à déterminer les valeurs de x', y', z', x'', y'', z''.

Or, le point (x', y', z') étant sur la première parallèle OD, on a les relations

$$x' = az', \quad y' = bz',$$

auxquelles on joint l'équation

$$x'^2 + y'^2 + z'^2 = 1.$$

On obtient sans peine

$$x' = \frac{a}{\sqrt{a^2 + b^2 + 1}},$$

$$y' = \frac{b}{\sqrt{a^2 + b^2 + 1}},$$

$$z' = \frac{1}{\sqrt{a^2 + b^2 + 1}}.$$

On trouve de même

$$x'' = \frac{a'}{\sqrt{a'^2 + b'^2 + 1}},$$

$$y'' = \frac{b'}{\sqrt{a'^2 + b'^2 + 1}},$$

$$z'' = \frac{1}{\sqrt{a'^2 + b'^2 + 1}}.$$

Portant ces valeurs dans l'équation (c), il vient

$$(f) \qquad \cos V = \frac{aa' + bb' + 1}{\sqrt{a^2 + b^2 + 1}\,\sqrt{a'^2 + b'^2 + 1}}.$$

Les valeurs de z' et de z'' ayant été prises positivement, il en résulte que cette formule donne l'angle formé par les parties supérieures des parallèles aux droites proposées, lequel sera aigu ou obtus, selon le signe du numérateur $aa' + bb' + 1$.

Si l'on avait besoin de calculer le sinus de l'angle V, on emploierait la relation

$$\sin V = \sqrt{1 - \cos^2 V},$$

qui conduirait ici à l'expression

$$\sin V = \frac{\sqrt{(a - a')^2 + (b - b')^2 + (ab' - ba')^2}}{\sqrt{a^2 + b^2 + 1}\,\sqrt{a'^2 + b'^2 + 1}}.$$

338. Si l'on veut que les droites soient *perpendiculaires*, il faut et il suffit que $\cos V = 0$, ce qui entraîne la relation

$$(g) \qquad aa' + bb' + 1 = 0.$$

Cette condition ne porte pas avec elle la conséquence que les droites se coupent, elle exprime seulement que les parallèles à ces lignes forment un angle droit. C'est ce qu'on doit entendre quand on dit que deux droites dans l'espace sont perpendiculaires entre elles.

Nous ajouterons que la condition (g), rapportée aux droites OD et OD′, laisse la seconde en partie indéterminée, lors même que la première est complétement fixée par les valeurs de a et de b, puisqu'on n'a ici qu'une relation entre a' et b'; et il en doit être ainsi, parce que, dans l'espace, il existe une infinité de droites menées par le même O perpendiculairement sur OD. Il résulte de là que, quand une perpendiculaire doit être abaissée sur une droite donnée, il faut joindre à la condition précédente celle qui exprime que deux droites se coupent.

Si les droites sont parallèles, on doit avoir

$$V = 0 \quad \text{ou} \quad = 180°,$$

d'où

$$\cos V = \pm 1;$$

donc

$$\pm \sqrt{a^2 + b^2 + 1} \sqrt{a'^2 + b'^2 + 1} = aa' + bb' + 1.$$

En élevant au carré et transposant, on trouve

$$(a' - a)^2 + (b' - b)^2 + (ab' - ba')^2 = 0.$$

Les quantités a, b, a', b' étant réelles, aucun des carrés qui composent l'équation ne peut être négatif; il faut donc qu'on ait à la fois

$$a' = a, \quad b' = b, \quad ab' = ba'.$$

Ces conditions, dont la dernière est une conséquence des deux autres, sont en effet celles qui expriment que des droites sont parallèles.

339. Lorsqu'on fait coïncider la ligne OD′ successivement avec chacun des axes, la formule générale (f) doit donner les cosinus des angles α, β, γ, formés par OD avec les trois axes. Les équations de l'axe des x sont

$$z = 0, \quad y = 0,$$

et celles de la ligne OD′ peuvent s'écrire sous la forme

$$z = \frac{1}{a'}\, x, \quad y = \frac{b'}{a'}\, x\,;$$

donc, pour exprimer qu'elle se confond avec l'axe des x, il faut poser

$$\frac{1}{a'} = 0, \quad \frac{b'}{a'} = 0.$$

Mais si l'on écrit (ce qui est permis)

$$\cos V = \frac{a + b\,\dfrac{b'}{a'} + \dfrac{1}{a'}}{\sqrt{a^2 + b^2 + 1}\ \sqrt{1 + \dfrac{b'^2}{a'^2} + \dfrac{1}{a'^2}}},$$

les hypothèses ci-dessus conduiront à

$$\cos \alpha = \frac{a}{\sqrt{a^2 + b^2 + 1}}.$$

On retrouve avec la même facilité les valeurs de $\cos \beta$ et $\cos \gamma$, semblables à celles du problème **IV**, qui n'est alors qu'un cas particulier du suivant.

L'angle que font entre elles les deux droites **OD** et **OD′** peut être exprimé en fonction de ceux que ces droites forment avec les axes. En effet, soient toujours (*fig.* 178) α, β, γ les angles de la première droite avec les axes des x, des y et des z, et α', β', γ' les angles de la seconde; on parviendra, comme au n° **338**, à la relation

$$\cos V = x'\, x'' + y'\, y'' + z'\, z''\,;$$

mais puisque $OM' = OM'' = 1$, on aura

$$x' = \cos \alpha, \quad y' = \cos \beta, \quad z' = \cos \gamma,$$
$$x'' = \cos \alpha', \quad y'' = \cos \beta', \quad z'' = \cos \gamma',$$

et, par suite,

$$\cos V = \cos \alpha \cos \alpha' + \cos \beta \cos \beta' + \cos \gamma \cos \gamma'.$$

340. On pourrait, à l'aide des propositions précédentes, résoudre le problème suivant :

Abaisser d'un point donné, dans l'espace, une perpendiculaire sur une donnée, et trouver la longueur de la perpendiculaire.

En effet, soient

$$x = az + p, \quad y = bz + q$$

les équations de la droite donnée. Si l'on nomme x', y', z' les coordonnées du point, on a pour la droite cherchée deux équations de la forme

$$x - x' = a'(z - z'), \quad y - y' = b'(z - z'),$$

a' et b' étant les seules constantes à déterminer.

Or, puisque les deux droites doivent être perpendiculaires, on a cette première relation

$$aa' + bb' + 1 = 0;$$

d'ailleurs, pour qu'elles se coupent, il faut qu'on ait (n° 333)

$$(p' - p)(b - b') - (q' - q)(a - a') = 0,$$

ou, en mettant à la place de q' et de p' leurs valeurs $y' - bz'$, $x' - az'$,

$$(x' - az' - p)(b - b') - (y' - bz' - q)(a - a') = 0.$$

Cette équation, combinée avec

$$aa' + bb' + 1 = 0,$$

donnerait les valeurs de a' et b', qui conduiraient finalement aux équations de la droite cherchée.

Mais ces calculs, et ceux relatifs à la seconde partie de la question, ne laisseraient pas que d'être compliqués. Nous verrons bientôt une solution plus simple du problème proposé.

CHAPITRE QUATRIÈME.

DU PLAN.

341. Pour trouver l'équation du plan, nous regarderons cette surface comme *le lieu des diverses positions que prend une droite mobile, assujettie à glisser sur une droite fixe, en restant parallèle à une direction donnée.* La méthode que nous allons employer pourra s'appliquer à la recherche des équations des surfaces courbes.

Soient donc

$$(1) \qquad x = az + p,$$
$$(2) \qquad y = bz + q$$

les équations de la droite fixe qu'on nomme *directrice*; représentons la ligne à laquelle la *génératrice* doit être constamment parallèle, par

$$x = a'z, \quad y = b'z;$$

les équations de cette génératrice seront de la forme

$$(3) \qquad x = a'z + p',$$
$$(4) \qquad y = b'z + q',$$

a' et b' étant des constantes données et invariables; mais p' et q' variant d'une position de la droite mobile à une autre. Pour que cette droite rencontre la directrice, il faut qu'on ait entre leurs coefficients (n° 333) la relation

$$(5) \qquad (p'-p)(b-b') - (q'-q)(a-a') = 0.$$

Cela posé, en donnant successivement à p' des valeurs arbitraires, et en prenant les valeurs correspondantes de q', pour les substituer les unes et les autres dans (3) et (4), on obtiendrait des équations qui conviendraient à une suite de positions particulières de la génératrice ; mais si, au lieu de fixer ainsi les valeurs de p' et q', on élimine ces deux quantités entre les équations (3), (4), (5) qui doivent exister simultanément, *l'équation finale en (x, y, z) conviendra alors à toutes les positions de la directrice*, puisqu'elle ne renfermera plus de traces des quantités p' et q' dont les valeurs particulières pouvaient seules distinguer une génératrice d'une autre. Le résultat de l'élimination sera donc l'équation de *la surface plane*. Or, en substituant dans (5) les valeurs de p' et q' tirées de (3) et (4), on trouve

$$(x - a'z - p)(b - b') - (y - b'z - q)(a - a') = 0,$$

ou bien

$$(6)\quad (b - b')x + (a' - a)y + (ab' - ba')z + p(b' - b) + q(a - a') = 0.$$

L'équation du plan est donc du premier degré. Elle renferme *généralement* les trois variables, c'est-à-dire qu'elle est de la forme

$$A x + B y + C z + D = 0.$$

342. Réciproquement, *toute équation du premier degré* telle que

$$(P)\qquad A x + B y + C z + D = 0,$$

appartient à une surface plane. Pour le démontrer, cherchons d'abord la *trace* de la surface, quelle qu'elle soit, sur un des plans coordonnés, XZ par exemple (*fig.* 179) ; nous ferons alors

$$y = 0,$$

et nous aurons *une droite* AC représentée par

$$(7)\qquad y = 0 \quad \text{et} \quad A x + C z + D = 0.$$

Cela posé, coupons la surface inconnue par divers plans parallèles à XY, tels que

$$z = \alpha, \quad z = \alpha', \ldots;$$

les sections seront représentées par les équations simultanées

$$(8) \quad \begin{cases} z = \alpha \quad \text{et} \quad A x + B y + C \alpha + D = 0, \\ z = \alpha' \quad \text{et} \quad A x + B y + C \alpha' + D = 0, \\ \dots\dots\dots\dots\dots\dots\dots\dots\dots\dots\dots, \end{cases}$$

qui prouvent que ces diverses sections sont *des droites* toutes parallèles entre elles; nous ajoutons que *chacune a un point commun avec la trace* AC; car si, d'après la règle du n° 333, on combine les équations (7) et (8) pour en éliminer y et z, on arrive aux deux équations

$$A x + C \alpha + D = 0, \quad A x + C \alpha + D = 0,$$

qui donnent nécessairement pour x la même valeur. **Comme** il en serait évidemment de même en remplaçant α par α', α'', etc., il en résulte que la surface (P) est *le lieu d'une infinité de droites parallèles, qui s'appuient toutes* sur une droite fixe AC; donc cette surface est *un plan*.

343. Lorsque l'équation d'un plan

$$A x + B y + C z + D = 0$$

est donnée, il est évident que sa *trace* sur le plan XY est déterminée par le système d'équations

$$z = 0, \quad A x + B y + D = 0,$$

et que les autres traces sont représentées par des systèmes semblables.

Remarque. — L'équation (P) peut n'avoir pas tous ses termes : alors le plan qu'elle détermine prend une position particulière par rapport aux axes.

Soit

$$D = 0;$$

l'équation (P) devient

$$A x + B y + C z = 0.$$

Le plan passe par l'origine; car cette équation est satisfaite par les valeurs

$$x = 0, \quad y = 0, \quad z = 0.$$

On sait (n° 323) qu'une équation de la forme

$$By + Cz + D = 0, \quad \text{ou} \quad Cz + D = 0,$$

représente un plan parallèle à un ou à deux des axes coordonnés.

344. Nous devons faire remarquer que l'équation (P) pouvant toujours être divisée par le coefficient de l'un de ses termes, il n'y a réellement que trois indéterminées dont on puisse disposer pour assujettir le plan à des conditions données. Toutefois, nous ajouterons qu'il convient en général de conserver à l'équation du plan la forme symétrique que nous lui avons donnée pour qu'elle réponde à tous les cas particuliers. En effet, si on la divise par C, et qu'on écrive alors

$$z = mx + ny + p,$$

cette dernière forme ne convient plus aux plans parallèles à l'axe des z.

Lorsqu'un plan rencontre les trois axes, son équation prend une forme élégante, si l'on y fait entrer les distances OA, OB, OC (*fig.* 179) de l'origine aux trois points d'intersection de ces axes avec le plan. Ces distances s'obtiennent aisément au moyen de l'équation (P). Pour l'intersection avec l'axe des x par exemple, on doit avoir

$$y = 0, \quad z = 0;$$

ce qui donne

$$OA = -\frac{D}{A}.$$

On trouve de même

$$OB = -\frac{D}{B}, \quad OC = -\frac{D}{C}.$$

En désignant ces distances a, b, c, on aura

$$a = -\frac{D}{A}, \quad b = -\frac{D}{B}, \quad c = -\frac{D}{C},$$

d'où

$$A = -\frac{D}{a}, \quad B = -\frac{D}{b}, \quad C = -\frac{D}{c}.$$

Si l'on porte ces valeurs dans l'équation (P), il vient

$$\frac{x}{a} + \frac{y}{b} + \frac{z}{c} = 1.$$

345. PROBLÈME I.—*Faire passer un plan par trois points donnés.*

Désignons par x', y', z'; x'', y'', z''; x''', y''', z'''; les coordonnées des trois points; l'équation générale

$$(1) \qquad\qquad A x + B y + C z + D = 0$$

devra être vérifiée en y remplaçant les variables par les coordonnées de chaque point, ce qui conduira aux relations

$$(2) \qquad\qquad A x' + B y' + C z' + D = 0,$$
$$(3) \qquad\qquad A x'' + B y'' + C z'' + D = 0,$$
$$(4) \qquad\qquad A x''' + B y''' + C z''' + D = 0.$$

En prenant pour inconnues les rapports $\dfrac{A}{D}$, $\dfrac{B}{D}$, $\dfrac{C}{D}$, on trouve

$$D = x'y''z''' - x'z''y''' + z'x''y''' - y'x''z''' + y'z''x''' - z'y''x''',$$
$$A = -y''z''' + z''y''' - z'y''' + y'z''' - y'z'' + z'y'',$$
$$B = -x'z''' + x'z'' - z'x'' + x''z''' - z''x''' + z'x''',$$
$$C = -x'y'' + x'y''' - x''y''' + y'x'' - y'x''' + y''x'''.$$

346. Il est clair que si l'on assignait seulement un point par lequel le plan dût passer, on n'aurait que la relation (2) qui servirait alors à éliminer la constante D; et l'équation du plan prendrait la forme

$$A (x - x') + B (y - y') + C (z - z') = 0,$$

dans laquelle il ne resterait véritablement que *deux* inconnues.

347. Problème II.—*Par un point donné, mener un plan parallèle à un plan donné.*

Soient

$$(1) \qquad A\,x + B\,y + C\,z + D = 0$$

l'équation d'un plan donné, et

$$(2) \qquad A'\,x + B'\,y + C'\,z + D' = 0$$

celle d'un plan parallèle.

Les traces des deux plans sur chacun des plans coordonnés doivent être parallèles. Les équations de ces traces sont :

$$A\,x + C\,z + D = 0,$$
$$A'x + C'z + D' = 0,$$

sur le plan des xz ;

$$B\,y + C\,z + D = 0,$$
$$B'y + C'z + D' = 0,$$

sur le plan des yz.

Pour que les deux premières soient parallèles et que les deux dernières le soient aussi, il faut qu'on ait

$$\frac{A'}{C'} = \frac{A}{C}, \quad \frac{B'}{C'} = \frac{B}{C},$$

ou bien

$$\frac{A'}{A} = \frac{B'}{B} = \frac{C'}{C}.$$

Lorsque les plans rencontrent l'axe des z, ces conditions suffisent pour qu'ils soient parallèles ; car les traces du premier plan se coupent sur l'axe des z, et sont parallèles à celles du second plan, lesquelles se coupent également sur cet axe. Or, deux angles dont les côtés sont parallèles ont toujours leurs plans parallèles.

Si les deux plans sont parallèles à l'axe des z, ce qui revient à supposer $C = 0$ et $C' = 0$, la seule condition à remplir, c'est que les traces sur le plan des xy soient parallèles, ce qui conduit à

$$\frac{A'}{B'} = \frac{A}{B} \quad \text{ou} \quad \frac{A'}{A} = \frac{B'}{B}.$$

· Ainsi, dans tous les cas, *pour que deux plans soient parallèles, il faut et il suffit que les coefficients des variables dans les équations de ces plans soient proportionnels.*

En supposant que ces conditions soient remplies, si l'on pose

$$\frac{A'}{A} = f,$$

on a

$$A' = Af, \quad B' = Bf, \quad C' = Cf;$$

par suite, quand on porte ces valeurs dans l'équation (2) et qu'on divise par f,

$$A\,x + B\,y + C\,z + D'' = 0,$$

D'' étant égal à $\dfrac{D'}{f}$.

Cette dernière équation représente tous les plans parallèles à celui de l'équation (1), et elle ne diffère de celle-ci que par le terme constant D''.

Mais si le plan parallèle passe par un point dont les coordonnées soient x', y', z', on doit avoir

$$A\,x' + B\,y' + C\,z' + D'' = 0;$$

et, en éliminant D'' entre cette équation et la précédente, on obtient pour le plan cherché

$$A\,(x - x') + B\,(y - y') + C\,(z - z') = 0.$$

Quand le point donné est l'origine, il faut faire $x' = 0$, $y' = 0$, $z' = 0$; ce qui donne pour le plan parallèle,

$$A\,x + B\,y + C\,z = 0.$$

348. Problème III. — *Faire passer un plan par un point et par une droite donnés.*

Soient x', y', z' les coordonnées du point, et

$$(1) \qquad \begin{cases} x = az + p, \\ y = bz + q \end{cases}$$

les équations de la droite donnée; l'équation du plan sera de la forme

$$(2) \qquad A\,x + B\,y + C\,z + D = 0.$$

La condition de passer par le point donné est exprimée par

$$(3) \qquad A\,x' + B\,y' + C\,z' + D = 0.$$

Celle de contenir la droite exige qu'en portant dans l'équation du plan les valeurs de x et de y tirées des équations de la droite, l'équation résultante soit vérifiée, quelle que soit la coordonnée z. Or, en substituant, on trouve

$$(A\,a + B\,b + C)\,z + A\,p + B\,q + D = 0;$$

et pour que cette égalité ait lieu, indépendamment de toute hypothèse faite sur z, il faut poser

$$(4) \qquad A\,a + B\,b + C = 0,$$
$$(5) \qquad A\,p + B\,q + D = 0.$$

Les conditions du problème sont donc renfermées dans les équations (3), (4), (5).

L'élimination de D entre (3) et (5) donne

$$A\,(x' - p) + B\,(y' - q) + C\,z' = 0;$$

et en combinant cette équation avec l'équation (4), on trouve aisément

$$A = \frac{(y' - bz' - q)\,C}{b\,(x' - p) - a\,(y' - q)},$$

$$B = \frac{(x' - az' - p)\,C}{b\,(x' - p) - a\,(y' - q)}:$$

32.

mais, en retranchant l'équation (3) de l'équation (2), il vient

$$A(x - x') + B(y - y') + C(z - z') = 0.$$

Remplaçant A et B par leurs valeurs, on arrive à l'équation

$$(y' - bz' - q)(x - x') - (x' - az' - p)(y - y')$$
$$+ [b(x' - p) - a(y' - q)](z - z') = 0,$$

qui est celle du plan cherché.

Remarque. — Ajoutons les équations (4) et (5); après avoir multiplié la première par z, nous aurons

$$A(az + p) + B(bz + q) + Cz + D = 0.$$

Cette dernière équation, soustraite de l'équation (1), conduit à

$$A(x - az - p) + B(y - bz - q) = 0.$$

En représentant par k le rapport indéterminé $\dfrac{B}{A}$, on obtient

$$x - az - p + k(y - bz - q) = 0$$

pour l'équation de tous les plans passant par la même droite. On voit, en effet, que cette équation est satisfaite, quel que soit z, quand on y fait

$$x = az + p \quad \text{et} \quad y = bz + q.$$

349. PROBLÈME IV. — *Connaissant les équations de deux plans, trouver les projections de leur intersection.*

On a vu (n° 320) que les variables x et y ont les mêmes valeurs pour chaque point d'une ligne de l'espace que pour la projection de ce point sur le plan des xy; par conséquent, si les équations de deux plans sont

$$(1) \qquad Ax + By + Cz + D = 0,$$
$$(2) \qquad A'x + B'y + C'z + D' = 0,$$

on aura la projection de leur intersection sur le plan coordonné que nous venons de nommer, en éliminant z entre les équations (1) et (2). Le calcul donne

$$(AC' - CA')x + (BC' - CB')y + DC' - CD' = 0.$$

On trouverait de la même manière les projections sur les deux autres plans coordonnés.

Les équations des projections sont impossibles si l'on a

$$\frac{A}{A'} = \frac{B}{B'} = \frac{C}{C'};$$

mais alors les plans sont parallèles (n° 347).

350. Problème V. — *Trouver l'intersection d'une droite et d'un plan dont on connaît les équations.*

Soient

$$(1) \qquad Ax + By + Cz + D = 0$$

l'équation du plan donné,

$$(2) \qquad \begin{cases} x = az + p, \\ y = bz + q \end{cases}$$

celles de la droite donnée; on obtiendra le point d'intersection demandé en cherchant les valeurs de x, y, z, qui satisfont aux équations (1) et (2). En effectuant les calculs, on trouve

$$z = -\frac{Ap + Bq + D}{Aa + Bb + C},$$

$$x = -\frac{a(Ap + Bq + D)}{Aa + Bb + C} + p,$$

$$y = -\frac{b(Ap + Bq + D)}{Aa + Bb + C} + q.$$

Ces valeurs sont infinies quand $Aa + Bb + C$ est nul et que $Ap + Bq + D$ ne l'est pas. Il en résulte que la condition de parallélisme du plan (1) et de la droite (2) est

$$Aa + Bb + C = 0.$$

Si l'on a, en même temps,

$$Ap + Bq + D = 0,$$

les valeurs de x, y, z sont indéterminées; c'est, en effet, ce qui doit arriver, puisqu'alors la droite est tout entière dans le plan (n° 348).

351. **Problème VI.** — *Connaissant les coordonnées de deux points, trouver leur distance.*

Soient x, y, z, et x', y', z' les coordonnées des deux points M et M' (*fig.* 180) dont on demande la distance MM'. Par chacun de ces points, menons trois plans parallèles à ceux des coordonnées : nous formons ainsi un parallélipipède qui a pour côtés contigus les différences $x - x'$, $y - y'$, $z - z'$ des coordonnées des points M et M'.

Cela posé, si les coordonnées sont rectangles, le parallélipipède l'est aussi; et en désignant par ∂ la diagonale MM', on trouve

$$\delta^2 = (x - x')^2 + (y - y')^2 + (z - z')^2.$$

Dans le cas où il s'agit de la distance du point M à l'origine O, il suffit d'exprimer que le point M' se confond avec ce dernier point; en posant

$$x' = 0, \quad y' = 0, \quad z' = 0,$$

il en résulte

$$\delta^2 = x^2 + y^2 + z^2.$$

352. Supposons maintenant les coordonnées obliques. Nous désignerons par α, β, γ les angles AM'C, EM'C, EM'A; par a, b, c les arêtes contiguës M'C, M'A, M'E; et par ∂, ∂', ∂'' les diagonales MM', CF et BE. La figure M'CMF étant un parallélogramme, la somme des carrés des côtés est égale à la somme des carrés des diagonales; on a donc

$$\delta^2 + \delta'^2 = 2 a^2 + 2 \overline{\text{M'F}}^2.$$

Or le triangle AM'F donnant

$$\overline{\text{M'F}}^2 = b^2 + c^2 + 2 bc \cos \gamma,$$

il en résulte

$$(1) \qquad \delta^2 + \delta'^2 = 2\,a^2 + 2\,b^2 + 2\,c^2 + 4\,bc\cos\gamma.$$

On trouverait de la même manière

$$(2) \qquad \delta^2 + \delta''^2 = 2\,a^2 + 2\,b^2 + 2\,c^2 + 4\,ab\cos\alpha$$

et

$$(3) \qquad \delta'^2 + \delta''^2 = 2\,a^2 + 2\,b^2 + 2\,c^2 - 4\,ac\cos\beta.$$

Si l'on ajoute les équations (1) et (2), et qu'on en retranche l'équation (3), il vient

$$\delta^2 = a^2 + b^2 + c^2 + 2\,ab\cos\alpha + 2\,ac\cos\beta + 2\,bc\cos\gamma.$$

Remplaçant a, b, c par leurs valeurs $(x - x')$, $(y - y')$, $(z - z')$, on obtient la formule demandée

$$\delta^2 = (x - x')^2 + (y - y')^2 + (z - z')^2 + 2\,(x - x')\,(y - y')\cos\alpha$$
$$+ 2\,(x - x')\,(z - z')\cos\beta + 2\,(y - y')\,(z - z')\cos\gamma.$$

Il est visible qu'en faisant, dans cette formule,

$$\alpha = 90°, \quad \beta = 90°, \quad \gamma = 90°,$$

on détermine celle qui convient aux coordonnées rectangulaires.

353. **Problème VII.** — *D'un point donné abaisser une perpendiculaire sur un plan ; trouver le pied et la grandeur de la perpendiculaire* (coordonnées rectangulaires).

Pour qu'une droite soit perpendiculaire à un plan, il faut et il suffit, en général, que les projections de cette droite soient perpendiculaires aux traces du plan. Cela posé, représentons par x', y', z' les coordonnées du point donné, et le plan par l'équation

$$(1) \qquad A\,x + B\,y + C\,z + D = 0.$$

Les équations de la perpendiculaire seront de la forme

$$(2) \qquad x - x' = a\,(z - z'), \quad y - y' = b\,(z - z'),$$

a et b étant deux inconnues. Les traces du plan donné sur les plans des xz et des yz ont pour équations

$$A x + C z + D = 0, \quad B y + C z + D = 0.$$

Mais ces traces doivent être perpendiculaires aux projections de la droite cherchée ; donc

$$a = \frac{A}{C}, \quad b = \frac{B}{C}.$$

Ces valeurs portées dans les équations (2) donnent, pour la perpendiculaire,

$$(3) \qquad x - x' = \frac{A}{C} (z - z'), \quad y - y' = \frac{B}{C}(z - z').$$

On trouverait les coordonnées du pied de cette perpendiculaire, en résolvant les équations (1) et (3) par rapport à x, y, z ; ensuite, pour avoir la longueur de la droite, il suffirait de remplacer ces coordonnées par leurs valeurs dans la formule

$$(4) \qquad \delta = \sqrt{(x - x')^2 + (y - y')^2 + (z - z')^2}.$$

Pour plus de simplicité, on calcule immédiatement les différences $x - x'$, $y - y'$, $z - z'$. On est conduit alors à écrire l'équation du plan sous la forme

$$A (x - x') + B (y - y') + C (z - z') + A x' + B y' + C z' + D = 0,$$

ou mieux, en posant

$$A x' + B y' + C z' + D = D',$$

sous celle-ci,

$$A (x - x') + B (y - y') + C (z - z') + D' = 0.$$

En mettant à la place de $x - x'$ et de $y - y'$ leurs valeurs tirées des équations (3), on trouve

$$z - z' = \frac{- C D'}{A^2 + B^2 + C^2},$$

et, par suite,

$$x - x' = \frac{- A D'}{A^2 + B^2 + C^2}, \quad y - y' = \frac{- B D'}{A^2 + B^2 + C^2}.$$

Si l'on désigne la perpendiculaire par P, la formule (4) donnera

$$P = \frac{D'}{\pm \sqrt{A^2 + B^2 + C^2}} \quad \text{ou} \quad P = \frac{A\,x' + B\,y' + C\,z' + D}{\pm \sqrt{A^2 + B^2 + C^2}}.$$

La valeur de P devant être essentiellement *positive*, on prendra pour le radical le signe dont le numérateur se trouvera affecté.

Lorsque le point donné est l'origine, on pose

$$x' = 0, \quad y' = 0, \quad z' = 0,$$

et il vient

$$P = \frac{D}{\pm \sqrt{A^2 + B^2 + C^2}},$$

formule à laquelle s'applique nécessairement l'observation relative au signe.

Première remarque. — Il convient d'observer que *la distance d'un point à un plan est une fonction rationnelle entière et du premier degré des coordonnées de ce point*, quels que soient, d'ailleurs, les angles que font entre eux les axes des coordonnées.

En effet, soient (*fig.* 181) ABC un plan rapporté aux trois axes quelconques OX, OY, OZ; MP la perpendiculaire abaissée d'un point M sur ABC; MDE une parallèle à l'axe des z, rencontrant les plans ABC, XOY aux points D et E. Nommons γ l'angle MDP que le plan donné forme avec l'axe des z; x', y', z' les coordonnées du point M; P la perpendiculaire MP, et désignons par

$$A\,x + B\,y + C\,z + D = 0$$

l'équation du plan ABC.

Le triangle rectangle MPD donnera

$$(1) \qquad\qquad P = MD \times \sin \gamma.$$

D'ailleurs,

$$MD = \pm (ME - DE) = \pm (z' - DE).$$

Or, le point D appartenant au plan ABC, on a, entre les

coordonnées de ce point, la relation

$$\mathrm{A}x + \mathrm{B}y + \mathrm{C}z + \mathrm{D} = 0, \quad \text{d'où} \quad z = -\frac{\mathrm{A}x + \mathrm{B}y + \mathrm{D}}{\mathrm{C}}.$$

Mais $z = \mathrm{DE}$, et les coordonnées x, y du point D sont respectivement égales à x', y'; donc

$$\mathrm{DE} = -\frac{\mathrm{A}x' + \mathrm{B}y' + \mathrm{D}}{\mathrm{C}},$$

par suite,

$$(3) \qquad \mathrm{P} = \pm (\mathrm{A}x' + \mathrm{B}y' + \mathrm{C}z' + \mathrm{D}) \times \frac{\sin \gamma}{\mathrm{C}}.$$

Cette dernière égalité démontre le principe énoncé.

L'équation (3) donne

$$\mathrm{A}x' + \mathrm{B}y' + \mathrm{C}z' + \mathrm{D} = \pm \mathrm{P} \times \frac{\mathrm{C}}{\sin \gamma} = \mathrm{P} \times k,$$

en posant

$$\pm \frac{\mathrm{C}}{\sin \gamma} = k.$$

La valeur absolue du coefficient k est indépendante de la position du point (x', y', z') dans l'espace.

De là nous concluons que *toute fonction entière du premier degré des coordonnées x', y', z' d'un point de l'espace, exprime le produit d'un coefficient numérique k, par la distance* P *du point considéré, à un plan dont l'équation s'obtient en égalant à zéro la fonction proposée.*

Seconde remarque. — Soient u, v deux fonctions entières et du premier degré, des coordonnées x, y, z d'un point de l'espace, et $f(u, v)$ une fonction quelconque de u et v : l'équation

$$f(u, v) = 0$$

représentera un cylindre dont les génératrices seront parallèles à l'intersection des deux plans $u = 0$, $v = 0$.

Désignons par p, p' les distances d'un point de la surface $f(u, v) = 0$ aux deux plans $u = 0$, $v = 0$, nous aurons (*première remarque*)

$$u = p.k, \quad v = p'k';$$

et l'équation

$$f(u, v) = 0,$$

prenant la forme

$$f(pk, p'k') = 0,$$

ne renfermera plus que deux variables p, p'.

Cela posé, prenons pour axe des z l'intersection OZ (*fig.* 182) des deux plans $u = 0$, $v = 0$, et pour axe des x et des y les intersections OX, OY de ces deux plans et d'un troisième perpendiculaire à OZ en un point quelconque de cette droite. Le plan YOX sera perpendiculaire aux deux plans ZOX, ZOY, et l'angle rectiligne XOY sera la mesure du dièdre formé par ZOX et ZOY. Si d'un point quelconque M de la surface considérée, on abaisse sur ZOX, ZOY les perpendiculaires MP, MP', le plan de ces deux perpendiculaires coupera ZOX et ZOY, suivant des droites PD, P'E respectivement parallèles à OX, OY, et en menant MD, ME parallèles à OY, OX, on aura

$$MP = MD.\sin.MDP,$$
$$MP' = ME.\sin.MEP',$$

ou, en nommant α l'angle YOX des deux plans $u = 0$, $v = 0$, et x, y les coordonnées ME, MD de M,

$$p = y.\sin\alpha,$$
$$p' = x.\sin\alpha;$$

par suite, l'équation

$$f(pk, p'k') = 0$$

deviendra

$$(1) \qquad f(y.k\sin\alpha, xk'\sin\alpha) = 0,$$

et comme elle ne contient que les deux coordonnées y et x, elle représente une surface cylindrique dont les génératrices sont parallèles à OZ. La trace de ce cylindre sur le plan YOX est déterminée par l'équation (1).

354. Problème VIII. — *Mener, par un point donné, un plan perpendiculaire à une droite donnée* (coordonnées rectangulaires).

Soient x', y', z' les coordonnées du point donné, et

$$x = az + p, \quad y = bz + q$$

les équations de la droite; le plan demandé passant par le point (x', y', z'), son équation sera de la forme

$$A(x - x') + B(y - y') + C(z - z') = 0;$$

et, comme il doit être perpendiculaire à la droite donnée, on a

$$\frac{A}{C} = a, \quad \frac{B}{C} = b:$$

l'équation du plan cherché est donc

$$a(x - x') + b(y - y') + (z - z') = 0.$$

355. Problème IX. — *Mener, par un point donné, une perpendiculaire à une droite donnée; déterminer le pied et la grandeur de cette perpendiculaire* (coordonnées rectangulaires).

Soient x', y', z' les coordonnées du point donné, et

$$(1) \qquad x = az + p, \quad y = bz + q$$

les équations de la droite. Si par le point on fait passer deux plans, l'un perpendiculaire à la droite donnée, l'autre contenant cette droite, il est visible que leur intersection sera la perpendiculaire demandée; les équations de ces plans, prises ensemble, peuvent donc être regardées comme celles de cette perpendiculaire. D'après les n°ˢ **354 et 348**, ces équations sont

$$(2) \qquad a(x - x') + b(y - y') + (z - z') = 0,$$

$$(3) \qquad \begin{cases} (y' - bz' - q)(x - x') - (x' - az' - p)(y - y') \\ + [b(x' - p) - a(y' - q)](z - z') = 0 \end{cases}$$

On aura évidemment le pied de la perpendiculaire en résolvant les équations (1) et (2) par rapport à x, y, z. Pour trouver sa grandeur, on écrira de la manière suivante les équations de la droite donnée :

$$(4) \quad \begin{cases} x - x' = a(z - z') + p - x' + az', \\ y - y' = b(z - z') + q - y' + bz'. \end{cases}$$

Cela posé, si l'on substitue dans l'équation (2) ces valeurs de $x - x'$ et de $y - y'$, il vient

$$(a^2 + b^2 + 1)(z - z') + a(p - x' + az')$$
$$+ b(q - y' + bz') = 0,$$

d'où

$$z - z' = \frac{a(x' - p) + b(y' - q) - (a^2 + b^2)z'}{a^2 + b^2 + 1}$$
$$= \frac{a(x' - p) + b(y' - q) + z'}{a^2 + b^2 + 1} - z' = \frac{H}{a^2 + b^2 + 1} - z',$$

en posant, pour simplifier,

$$H = a(x' - p) + b(y' - q) + z'.$$

Les équations (4) donnent ensuite

$$x - x' = \frac{aH}{a^2 + b^2 + 1},$$
$$y - y' = \frac{bH}{a^2 + b^2 + 1}.$$

Donc, en désignant par P la distance cherchée, on aura, en remplaçant H,

$$P = \sqrt{(x' - p)^2 + (y' - q)^2 + z'^2 - \frac{[a(x' - p) + b(y' - q) + z']^2}{a^2 + b^2 + 1}}.$$

Si l'on voulait connaître les projections de la perpendiculaire, on les déduirait aisément des équations (2) et (3). Mais on les détermine aussi en observant que l'on connaît deux points de cette ligne, savoir : le point donné et le pied de la perpendiculaire.

356. PROBLÈME X.—*Connaissant l'équation d'un plan, trouver les angles qu'il fait avec les plans coordonnés* (coordonnées rectangulaires).

Soit

$$A\,x + B\,y + C\,z + D = 0$$

l'équation du plan. Désignons par α, β, γ les angles qu'il forme avec ceux des yz, des xz et des xy. La perpendiculaire abaissée de l'origine sur le plan, et qui a pour équations

$$x = \frac{A}{C}z, \quad y = \frac{B}{C}z,$$

fait évidemment les angles α, β, γ, avec les axes des x, des y et des z ; on a donc

$$\cos \alpha = \frac{A}{\sqrt{A^2 + B^2 + C^2}},$$

$$\cos \beta = \frac{B}{\sqrt{A^2 + B^2 + C^2}},$$

$$\cos \gamma = \frac{C}{\sqrt{A^2 + B^2 + C^2}}.$$

On doit avoir, comme pour la droite,

$$\cos^2 \alpha + \cos^2 \beta + \cos^2 \gamma = 1.$$

Cette relation est d'ailleurs vérifiée par les valeurs précédentes.

357. PROBLÈME XI.—*Déterminer l'angle de deux plans* (coordonnées rectangulaires).

Soient

$$A\,x + B\,y + C\,z + D = 0,$$

$$A'\,x + B'\,y + C'\,z + D' = 0$$

les équations des deux plans donnés, et V l'angle qu'ils font entre eux. Cet angle est celui des deux perpendiculaires abaissées de l'origine sur les plans. Or ces dernières ont pour équations

$$x = \frac{A}{C}\, z, \quad y = \frac{B}{C}\, z,$$

$$x = \frac{A'}{C'}\, z, \quad y = \frac{B'}{C'}\, z\,;$$

et en faisant usage de la formule qui donne l'angle de deux droites, il vient, pour l'angle des plans,

$$\cos V = \frac{AA' + BB' + CC'}{\sqrt{A^2 + B^2 + C^2}\ \sqrt{A'^2 + B'^2 + C'^2}}.$$

Pour que les plans soient perpendiculaires entre eux, il faut qu'on ait

$$\cos V = o,$$

c'est-à-dire

$$AA' + BB' + CC' = o.$$

Pour exprimer que les plans sont parallèles, on pose

$$\cos V = 1,$$

ce qui donne

$$AA' + BB' + CC' = \sqrt{A^2 + B^2 + C^2}\ \sqrt{A'^2 + B'^2 + C^2}\,;$$

d'où l'on déduit facilement

$$\frac{A}{A'} = \frac{B}{B'} = \frac{C}{C'}.$$

358. Problème XI. — *Trouver l'angle d'une droite et d'un plan* (coordonnées rectangulaires).

L'angle cherché est le complément de celui que fait avec la droite donnée une perpendiculaire menée au plan, d'un point quelconque de l'espace.

Soient

$$A\,x + B\,y + C\,z + D = o$$

l'équation du plan,

$$x = az + p, \quad y = bz + q$$

celles de la droite ; si la perpendiculaire est abaissée de l'origine, ses équations seront

$$x = \frac{A}{C} z, \quad y = \frac{B}{C} z.$$

Donc, en désignant par V l'angle cherché, la formule relative à l'angle de deux droites donnera

$$\sin V = \frac{A\,a + B\,b + C}{\sqrt{A^2 + B^2 + C^2}\,\sqrt{a^2 + b^2 + 1}}.$$

Quand la droite donnée est parallèle au plan, on a

$$\sin V = 0 \quad \text{ou} \quad A\,a + B\,b + C = 0 :$$

c'est la condition connue.

Lorsque la droite est perpendiculaire au plan, on a

$$\sin V = 1 ;$$

alors on retrouve

$$A = a\,C, \quad B = b\,C.$$

CHAPITRE CINQUIÈME.

TRANSFORMATION DES COORDONNÉES RECTILIGNES.

359. *Formules pour passer à des axes parallèles.* — Supposons d'abord que les nouveaux axes soient parallèles aux anciens, et qu'ils aient la même direction. En désignant (*fig.* 183) par x, y, z les coordonnées d'un point quelconque M, relativement aux axes primitifs; par x', y', z' celles du même point, relativement aux nouveaux axes; si l'on appelle a, b, c les coordonnées de la nouvelle origine rapportée au premier système, on aura visiblement

$$x = a + x', \quad y = b + y', \quad z = c + z'.$$

Chaque coordonnée doit être prise avec le signe qui convient à sa position.

360. *Formules générales pour changer la direction des axes.* — Soient (*fig.* 184) OX, OY, OZ trois axes quelconques; OX′, OY′, OZ′ trois autres axes; x, y, z les coordonnées d'un point quelconque M rapporté aux premiers; x', y', z' celles du même point relativement aux derniers : on aura, dans le cas de la figure,

$$x = OQ, \quad y = PQ, \quad z = PM,$$
$$x' = OQ', \quad y' = P'Q', \quad z' = P'M.$$

Par l'origine commune O, menons au plan des yz une perpendiculaire indéfinie ON, puis projetons sur cette normale les deux lignes brisées $x + y + z$ et $x' + y' + z'$. Les coordonnées y et z étant perpendiculaires à ON, leurs projections sur cette droite sont nulles, de sorte que la projection de la première ligne brisée se réduit à $x \cos (N, x)$;

33

celle de la seconde ligne brisée est

$$x' \cos(N, x') + y' \cos(N, y') + z' \cos(N, z') \quad (312).$$

Or ces deux lignes étant terminées aux mêmes extrémités, leurs projections sont égales; donc

$$x \cos(N, x) = x' \cos(N, x') + y' \cos(N, y') + z' \cos(N, z').$$

Cette formule donne la valeur de x en fonction de x', y', z' et des angles qui fixent la position des nouveaux axes par rapport aux anciens. On trouvera de même les valeurs de y et de z, en projetant les lignes brisées $x + y + z$ et $x' + y' + z'$ sur deux perpendiculaires ON' et ON'' menées respectivement aux plans des xz et des xy. On aura ainsi les trois formules

$$(1) \begin{cases} x \cos(N, x) = x' \cos(N, x') + y' \cos(N, y') + z' \cos(N, z'), \\ y \cos(N', y) = x' \cos(N', x') + y' \cos(N', y') + z' \cos(N', z'), \\ z \cos(N'', z) = x' \cos(N'', x') + y' \cos(N'', y') + z' \cos(N'', z'). \end{cases}$$

Ces formules sont peu employées, parce qu'il arrive rarement que l'on ait à changer des axes obliques en d'autres axes obliques.

361. Quand les axes primitifs sont rectangulaires, les trois perpendiculaires ON, ON', ON'' coïncident avec ces axes, de sorte que les formules qui servent à passer d'un système de coordonnées rectangulaires à un système de coordonnées obliques, sont

$$(2) \begin{cases} x = x' \cos(x', x) + y' \cos(y', x) + z' \cos(z', x) \\ \quad = ax' + by' + cz', \\ y = x' \cos(x', y) + y' \cos(y', y) + z' \cos(z', y) \\ \quad = a'x' + b'y' + c'z', \\ z = x' \cos(x', z) + y' \cos(y', z) + z' \cos(z', z) \\ \quad = a''x' + b''y' + c''z'. \end{cases}$$

Les neuf constantes qui entrent dans ces équations ne

peuvent pas toutes recevoir des valeurs arbitraires. En effet, a, a', a'' par exemple, désignant les cosinus des angles que forme une même droite OX′ avec trois axes rectangulaires OX, OY, OZ, doivent être soumis à la condition (n° 336); il en est de même pour b, b', b'' et pour c, c', c''; par conséquent, il faut toujours joindre aux formules (2) les trois relations suivantes :

$$(3) \quad \begin{cases} a^2 + a'^2 + a''^2 = 1, \\ b^2 + b'^2 + b''^2 = 1, \\ c^2 + c'^2 + c''^2 = 1; \end{cases}$$

ce qui ne laisse que six constantes dont on puisse disposer arbitrairement.

362. Si l'on veut *passer d'un système d'axes rectangulaires à un autre système d'axes rectangulaires*, on se servira des formules (2) du numéro précédent; mais il faudra exprimer que les nouveaux axes sont perpendiculaires entre eux. Pour cela, on égalera à zéro les expressions de

$$\cos(x',y'), \quad \cos(x',z'), \quad \cos(y',z')$$

en fonction des cosinus a, b, c (n° 339). En joignant ces nouvelles équations de condition aux trois qu'on a déjà, il y en aura six en tout, savoir :

$$(3) \quad \begin{cases} a^2 + a'^2 + a''^2 = 1, \\ b^2 + b'^2 + b''^2 = 1, \\ c^2 + c'^2 + c''^2 = 1, \end{cases}$$

$$(4) \quad \begin{cases} ab + a'b' + a''b'' = 0, \\ ac + a'c' + a''c'' = 0, \\ bc + b'c' + b''c'' = 0; \end{cases}$$

de sorte que, dans le cas actuel, il ne reste plus que trois constantes arbitraires.

363. Dans le cas de *deux systèmes rectangulaires*, on a quelquefois besoin de résoudre les formules (2) par rapport

33.

à x', y', z'; il suffit, pour cela, de les ajouter : 1° après avoir multiplié la première par a, la deuxième par a' et la troisième par a''; 2° après les avoir multipliées respectivement par b, b', b''; 3° par c, c', c''. Ces opérations donnent, en ayant égard aux relations (3) et (4), les formules

$$(5) \quad \begin{cases} x' = ax + a'y + a''z, \\ y' = bx + b'y + b''z, \\ z' = cx + c'y + c''z. \end{cases}$$

On obtiendrait directement ces formules, en regardant x', y' z' comme les coordonnées primitives, et en projetant alors x, y, z successivement sur les trois axes OX', OY', OZ'. Sous ce point de vue, on reconnaît qu'il doit exister entre les constantes les six relations

$$(6) \quad \begin{cases} a^2 + b^2 + c^2 = 1, \\ a'^2 + b'^2 + c'^2 = 1, \\ a''^2 + b''^2 + c''^2 = 1, \end{cases}$$

$$(7) \quad \begin{cases} aa' + bb' + cc' = 0, \\ aa'' + bb'' + cc'' = 0, \\ a'a'' + b'b'' + c'c'' = 0, \end{cases}$$

qu'il faut regarder comme entièrement équivalentes aux relations (3) et (4); car alors les unes et les autres ne font qu'exprimer, dans un ordre différent, que les angles XOY, XOZ, YOZ et $X'OY'$, $X'OZ'$, $Y'OZ'$ sont tous droits.

364. *Formules d'Euler.* — Le changement des axes rectangulaires en d'autres axes rectangulaires, est celui dont l'emploi est le plus fréquent. Les formules qui conviennent à ce cas, et que nous avons données (n°ˢ **361** et **362**), sont simples et symétriques; mais elles ont l'inconvénient de contenir *neuf* constantes a, b, c, a', b', etc., qui se trouvent liées par six équations de condition, entre lesquelles l'élimination s'effectue péniblement pour réduire à *trois données*, comme cela doit arriver, la détermination des nouveaux axes relativement aux anciens. Nous allons faire voir qu'on peut, en effet, exprimer les neuf constantes en fonction de trois autres seulement.

Soient OX, OY, OZ les anciens axes rectangulaires, OX′, OY′, OZ′ les nouveaux (*fig.* 185); de plus, soit OD l'intersection des deux plans XY et X′Y′. Nous désignerons par φ l'angle DOX, par ψ l'angle DOX′, et par θ l'angle des plans XY et X′Y′.

Cela posé, concevons que le point O soit le centre d'une sphère rencontrant en A, B, C, A′, D les lignes OX, OY, OZ, OX′, OD; et formons les triangles sphériques DAA′, DA′B, DA′C. Les cosinus des côtés AA′, BA′, CA′ sont respectivement égaux à a, a', a''; d'ailleurs, en supposant les arcs et les angles évalués en degrés, on a

$$DA = \varphi, \quad DB = 90^\circ - \varphi, \quad DA' = \psi, \quad DC = 90^\circ,$$
$$A'DB = \theta, \quad A'DA = 180^\circ - \theta, \quad A'DC = 90^\circ - \theta.$$

On trouve donc, par la formule fondamentale de la trigonométrie sphérique,

$$a = \cos \varphi \cos \psi - \sin \varphi \sin \psi \cos \theta,$$
$$a' = \sin \varphi \cos \psi + \cos \varphi \sin \psi \cos \theta,$$
$$a'' = \sin \psi \sin \theta.$$

Il est visible que les valeurs de b, b', b'' se déduisent des précédentes, en changeant ψ en $90^\circ + \psi$, puisqu'alors la ligne OX′ va se placer sur OY′; on obtient ainsi

$$b = - \cos \varphi \sin \psi - \sin \varphi \cos \psi \cos \theta,$$
$$b' = - \sin \varphi \sin \psi + \cos \varphi \cos \psi \cos \theta,$$
$$b'' = \cos \psi \sin \theta.$$

Enfin, pour avoir les valeurs de c, c', c'', on remplace, dans les valeurs de a, a', a'', θ par $90^\circ + \theta$ et ψ par 90°;

en effet, par ce changement, le plan $X'OD$ devient $Z'OD$, et la ligne OX' devient OZ'. On trouve ainsi

$$c = \sin \varphi \sin \theta,$$
$$c' = -\cos \varphi \sin \theta,$$
$$c'' = \cos \theta.$$

En substituant ces valeurs dans les formules (2) du n° **362**, il vient

$$(8) \quad \begin{cases} x = x'(\cos \varphi \cos \psi - \sin \varphi \sin \psi \cos \theta) \\ \quad - y'(\cos \varphi \sin \psi + \sin \varphi \cos \psi \cos \theta) + z' \sin \varphi \sin \theta, \\ y = x'(\sin \varphi \cos \psi + \cos \varphi \sin \psi \cos \theta) \\ \quad - y'(\sin \varphi \sin \psi - \cos \varphi \cos \psi \cos \theta) - z' \cos \varphi \sin \theta, \\ z = x' \sin \psi \sin \theta + y' \cos \psi \sin \theta + z' \cos \theta. \end{cases}$$

Telles sont les formules d'Euler.

365. *Manière d'obtenir l'intersection d'une surface par un plan.* — Pour avoir l'intersection d'une surface par l'un des plans coordonnés, le plan des xy par exemple, il suffit de faire $z = 0$ dans l'équation de la surface. Proposons-nous maintenant de déterminer l'intersection de la surface

$$(a) \qquad\qquad F(x, y, z) = 0$$

par un plan quelconque. L'idée qui se présente naturellement, d'après ce qui vient d'être dit, c'est de rapporter cette intersection à deux axes tracés dans le plan coupant. Pour y parvenir, supposons les axes rectangulaires; déplaçons aussi l'origine, en ajoutant aux valeurs (2) les coordonnées f, g, h (n° 359), et portons ensuite ces valeurs dans l'équation (a). La surface sera rapportée aux nouveaux axes; et en faisant $z' = 0$ dans l'équation résultante, on aura l'intersection de la surface par le plan des $x'y'$, qu'on peut supposer être le plan donné.

Mais on peut faire $z' = 0$ dans les formules avant la substitution ; et si, en outre, on prend l'axe des x' parallèle au plan XY, en posant $\psi = 0$, on aura

$$(9) \quad \begin{cases} x = f + x' \cos \varphi - y' \sin \varphi \cos \theta, \\ y = g + x' \sin \varphi + y' \cos \varphi \cos \theta, \\ z = h + y' \sin \theta. \end{cases}$$

En mettant ces valeurs dans l'équation

$$F(x, y, z) = 0,$$

on obtiendra l'intersection demandée, rapportée à deux axes rectangulaires situés dans le plan coupant.

On peut trouver directement les formules (9) en opérant de la manière suivante : Soit M (*fig.* 186) un point quelconque pris dans le plan Y'OX', dont la trace sur le plan XY est OX'; et soient les coordonnées

$$OQ = x, \quad PQ = y, \quad PM = z, \quad OP' = x', \quad P'M = y'.$$

Joignons P'P, et menons P'Q' parallèle à OY, et P'G parallèle à OX ; l'angle GPP' est égal à XOX', et l'angle MP'P représente l'inclinaison du plan YOX' sur le plan YOX. Cela posé, si nous faisons

$$MP'P = \theta \quad \text{et} \quad XOX' = \varphi,$$

les triangles rectangles MPP', PP'G, OP'Q' donneront

$$MP = y' \sin \theta, \qquad PP' = y' \cos \theta, \qquad GP' = PP' \sin \varphi,$$
$$PG = PP' \cos \varphi, \quad OQ' = x' \cos \varphi, \qquad P'Q' = x' \sin \varphi.$$

Comme on a

$$x = OQ' - GP', \quad y = P'Q' + GP, \quad z = MP,$$

si l'on remplace ces lignes par leurs valeurs, et si l'on ajoute les constantes f, g, h, on retrouvera les formules (9).

Remarque. — Dans le problème du n° 365, lorsque le plan sécant est donné par son équation, on commence par calculer les angles φ et θ, ce qui est facile; car, si

$$A x + B y + C z + D = 0$$

est l'équation du plan, en faisant $z = 0$, on aura, pour celle de sa trace sur XY,

$$A x + B y + D = 0, \quad \text{d'où} \quad \text{tang } \varphi = - \frac{A}{B},$$

et, par les formules du n° 356,

$$\cos \theta = \frac{C}{\sqrt{A^2 + B^2 + C^2}}.$$

Si le plan sécant était perpendiculaire au plan XY, l'angle θ serait droit, et les formules (9) deviendraient

$$x = f + x' \cos \varphi, \quad y = g + x' \sin \varphi, \quad z = h + y'.$$

Les formules qui servent à rapporter une surface à de nouveaux axes étant linéaires, il en résulte que le degré d'une équation algébrique à trois variables ne change point par la transformation des coordonnées. Cette remarque conduit à classer les surfaces algébriques d'après le degré de leur équation. Ainsi une surface sera du premier, du deuxième, etc., degré, suivant que l'équation qui la représentera sera elle-même du premier, du deuxième, etc., degré. On dit aussi, surface du premier, du deuxième, etc., ordre.

366. *Une surface du degré* m *ne peut pas être coupée par un plan suivant une ligne d'ordre supérieur à* m. — En effet, si l'on prend le plan sécant pour celui des xy par exemple, on obtiendra l'équation de l'intersection en faisant $z = 0$ dans celle de la surface rapportée aux nouveaux axes. Le degré de l'intersection sera donc en général égal à m. Il pourra être moindre que m dans quelques cas particuliers, car l'hypothèse $z = 0$ peut faire disparaître tous les termes du degré m. Il est même possible que tous

les termes de l'équation disparaissent : alors le plan $z = 0$
fait partie de la surface considérée, et l'équation de cette
dernière se décompose en facteurs.

367. *Une surface du degré* m *ne peut être rencontrée
par une droite en plus de* m *points.* — En effet, si l'on prend
la droite donnée pour axe des x, et si l'on fait alors $y = 0$,
$z = 0$ dans l'équation de la surface, on aura une équation
qui sera au plus du degré m, et qui donnera, pour valeurs
de x, les distances de l'origine aux différents points d'intersection de la surface avec la droite ; donc la proposition
énoncée est vraie.

Il peut arriver que les hypothèses $y = 0$, $z = 0$ vérifient l'équation, indépendamment de toute valeur attribuée à x ; dans ce cas, la droite est tout entière sur la surface.

CHAPITRE SIXIÈME.

SURFACES DU SECOND DEGRÉ.

ELLES SE DIVISENT EN DEUX CLASSES : LES UNES ONT UN CENTRE, LES AUTRES N'EN ONT PAS. COORDONNÉES DU CENTRE.

368. On nomme *centre d'une surface un point tel, que toute sécante passant par ce point a ses points de rencontre avec la surface à égale distance deux à deux du premier.*

Il résulte de cette définition que *si l'origine des coordonnées est placée au centre d'une surface quelconque, l'équation de cette surface ne doit pas changer en y remplaçant* x, y, z *par* — x, — y, — z. — En effet, considérons une sécante menée arbitrairement par le centre O (*fig.* 187), elle coupera la surface en des points qui seront deux à deux équidistants du point O. Soient M et M′ deux de ces points; menons les coordonnées MP, M′P′ parallèles à l'axe OZ; PQ, P′Q′ parallèles à l'axe OY; puis joignons OP et OP′. Les trois points P, O, P′ seront en ligne droite; par suite, les triangles MOP, M′OP′ seront égaux. Cela prouve d'abord que les coordonnées z des points M et M′ sont égales et de signes contraires, puisque OP et OP′ sont égales. Les triangles POQ, P′OQ′ sont égaux, il en résulte que les coordonnées x et y du point M sont égales et de signes contraires à celles du point M′. On voit alors que, s'il y a sur la surface un point dont les coordonnées soient x', y', z', il se trouve nécessairement sur cette surface un second point dont les coordonnées sont — x', — y', — z'. Par conséquent, l'équation de la surface ne doit pas changer en y remplaçant x, y, z par $-x$, $-y$, $-z$.

Réciproquement, *si l'équation de la surface n'est pas altérée, lorsqu'on y change* x, y, z *en* $-$x, $-$y, $-$z, *l'origine des coordonnées est un centre de la surface.* — En effet, les coordonnées d'un point quelconque M de la surface étant, par exemple, x', y', z', il existe un second point M′ qui a pour coordonnées $-x'$, $-y'$, $-z'$; menous MP, M′P′ parallèles à OZ; PQ, P′Q′ parallèles à OY, et traçons les droites OP, OP′, OM, OM′. Il est visible que les triangles PQO, P′Q′O sont égaux; d'où l'on conclut que OP $=$ OP′ et que POP′ est une ligne droite. Alors les triangles MOP, M′OP′ étant aussi égaux, il en résulte que OM $=$ OM′ et que MOM′ est une ligne droite. Donc l'origine est un centre.

Ainsi, *pour que l'origine des coordonnées soit le centre d'une surface algébrique ou transcendante, il faut et il suffit que l'équation de cette surface ne soit pas altérée, lorsqu'on y remplace* x, y, z *par* $-$x, $-$y, $-$z.

Quand l'équation proposée est algébrique, la condition que nous venons d'énoncer revient à celle-ci : *Pour que l'origine des coordonnées soit le centre d'une surface algébrique, il faut et il suffit que les termes de l'équation soient tous de degré pair, ou tous de degré impair par rapport aux variables.* Dans le second cas, il ne doit pas exister de terme indépendant.

Remarque. — L'équation est, bien entendu, préparée de manière que l'un de ses membres soit nul, et que l'autre membre soit une fonction entière des coordonnées.

369. Il résulte de ce qui précède, que le centre d'une surface algébrique de degré impair est situé sur la surface; puisqu'en y transportant l'origine, l'équation de la surface n'ayant plus de terme indépendant des variables, cette

équation sera vérifiée par les coordonnées du centre

$$x = 0, \quad y = 0, \quad z = 0.$$

Le centre d'une surface de degré pair peut être situé ou non situé sur la surface.

370. Maintenant, soit

$$\mathrm{F}(x, y, z) = 0$$

l'équation d'une surface algébrique rapportée à des axes quelconques. Pour reconnaître si elle admet un centre, il faut transporter les axes parallèlement à eux-mêmes en un point indéterminé (x', y', z'), en mettant dans $\mathrm{F}(x, y, z) = 0$, $x + x'$, $y + y'$, $z + z'$ à la place de x, y, z; ensuite, égaler à zéro les coefficients de tous les termes où la somme des exposants n'est pas de même parité que le degré de l'équation, et voir si l'on peut satisfaire à ces conditions par des valeurs réelles et finies des coordonnées x', y', z', qui alors donneront la nouvelle origine pour le centre demandé.

371. Appliquons ces principes aux surfaces du second degré qui sont toutes comprises dans l'équation générale

$$(1) \quad \left\{ \begin{array}{l} \mathrm{A}\,x^2 + \mathrm{A}'y^2 + \mathrm{A}''z^2 + 2\,\mathrm{B}yz + 2\,\mathrm{B}'xz + 2\,\mathrm{B}''xy \\ + 2\,\mathrm{C}x + 2\,\mathrm{C}'y + 2\,\mathrm{C}''z + \mathrm{E} = 0. \end{array} \right.$$

Si l'on transporte les axes parallèlement à eux-mêmes, en remplaçant x par $x + x'$, y par $y + y'$, z par $z + z'$, l'équation proposée deviendra

$$(2) \quad \left\{ \begin{array}{l} \mathrm{A}\,x^2 + \mathrm{A}'y^2 + \mathrm{A}''z^2 + 2\,\mathrm{B}yz + 2\,\mathrm{B}'xz + 2\,\mathrm{B}''xy \\ + 2\,\mathrm{C}_1 x + 2\,\mathrm{C}'_1 y + 2\,\mathrm{C}''_1 z + \mathrm{E}_1 = 0, \end{array} \right.$$

en faisant, pour abréger,

$$\mathrm{C}_1 = \mathrm{A}\,x' + \mathrm{B}'z' + \mathrm{B}''y' + \mathrm{C},$$
$$\mathrm{C}'_1 = \mathrm{A}'y' + \mathrm{B}\,z' + \mathrm{B}''x' + \mathrm{C}',$$
$$\mathrm{C}''_1 = \mathrm{A}''z' + \mathrm{B}\,y' + \mathrm{B}'x' + \mathrm{C}'',$$
$$\mathrm{E}_1 = \mathrm{A}\,x'^2 + \mathrm{A}'y'^2 + \mathrm{A}''z'^2 + 2\,\mathrm{B}y'z' + 2\,\mathrm{B}'x'z'$$
$$2\,\mathrm{B}''x'y' + 2\,\mathrm{C}x' + 2\,\mathrm{C}'y' + 2\,\mathrm{C}''z' + \mathrm{K}.$$

Pour .que la nouvelle origine soit un centre, il faut et il suffit (370) que l'on ait

$$C_{\text{\tiny I}} = 0, \quad C'_{\text{\tiny I}} = 0, \quad C''_{\text{\tiny I}} = 0;$$

ce qui conduit aux équations

$$(3) \quad \begin{cases} A\,x' + B'\,z' + B''\,y' + C = 0, \\ A'\,y' + B\,z' + B''\,x' + C' = 0, \\ A''\,z' + B\,y' + B'\,x' + C'' = 0. \end{cases}$$

Ces équations, qui déterminent les coordonnées du centre, s'obtiennent évidemment en égalant à zéro les dérivées du premier membre de l'équation (1), prises par rapport à x, à y et à z, et en remplaçant ces variables par x', y', z'. En résolvant les équations (3), on a des valeurs de la forme

$$x' = \frac{N}{D}, \quad y' = \frac{N'}{D}, \quad z' = \frac{N''}{D},$$

dans lesquelles

$$D = AB^2 + A'\,B'^2 + A''\,B''^2 - AA'A'' - 2\,BB'B'',$$
$$N = C\,(A'A'' - B^2) + C'\,(BB' - B''A'') + C''\,(BB'' - B'A'),$$
$$N' = C'\,(AA'' - B'^2) + C''\,(B'B'' - BA) + C\,(BB' - B''A''),$$
$$N'' = C''\,(AA'' - B''^2) + C\,(BB'' - B'A') + C'\,(B'B'' - BA).$$

Il peut se présenter trois cas :

1°. Si le dénominateur D est différent de zéro, les valeurs de x', y', z' sont réelles et finies; par conséquent, la surface représentée par l'équation (1) admet *un centre unique*;

2°. Si le dénominateur D est nul, et que les trois numérateurs ne soient pas nuls à la fois, l'une au moins des coordonnées du centre est infinie; alors la surface représentée par l'équation (1) n'a pas de *centre*;

3°. Si le dénominateur D et les trois numérateurs N, N', N'' sont nuls en même temps, les valeurs de x', y', z' se présentent sous la forme $\frac{0}{0}$; par suite, les équations (3) se réduisent à deux équations distinctes, ou même à une seule, et alors la surface admet *une infinité de centres*.

372. Lorsque le système (3) se réduira à deux équations distinctes, ce qui arrivera si les valeurs de x' et y', tirées des deux premières par exemple, vérifient la troisième, quel que soit z', on en conclura qu'il existe une infinité de centres, situés tous sur la droite AB (*fig.* 188) représentée par l'ensemble de ces deux mêmes premières équations; et, dans ce cas, la surface sera nécessairement *un cylindre* à base *elliptique* ou *hyperbolique*.

En effet, soit M un point quelconque de la surface représentée par l'équation (1). Joignons le point M aux différents points G, G′, etc., de AB, et prolongeons les lignes en N, N′, etc., de manière que

$$MG = GN, \quad MG' = G'N', \dots;$$

les points N, N′, etc., seront sur une droite parallèle à AB, et cette droite sera visiblement tout entière sur la surface dont il s'agit. En joignant de même un point quelconque N de NN′ aux différents points G, G′, etc., de AB et en prolongeant ces lignes de quantités égales, les points M, M′, etc., ainsi déterminés, appartiendront à une seconde droite parallèle à AB et qui sera tout entière sur la surface. Il résulte de là que tout plan mené par AB coupe la surface (1) suivant deux droites parallèles à AB et qui en sont équidistantes. La surface que nous considérons est donc un cylindre dont les génératrices sont parallèles à AB. Nous ajoutons que la base de ce cylindre est une *ellipse* ou une *hyperbole;* car si l'on mène par un point quelconque G de la ligne AB un plan qui ne la contienne pas, ce plan coupera la surface suivant une courbe du second degré qui aura visiblement le point G pour centre.

373. Quand les équations (3) se réduiront à une seule,

ce qu'on reconnaîtra en voyant si la valeur de x', tirée de la première par exemple, vérifie les deux autres, quels que soient y' et z', on en conclura qu'il existe une infinité de centres situés tous dans le plan P déterminé par la première équation ; et alors la surface représentée par l'équation (1) sera formée de deux plans parallèles à P. En effet, soit M (*fig.* 189) un point quelconque de la surface (1), joignons ce point aux différents points G, G', G'', etc., du plan P, et prolongeons les droites MG, MG', MG'', etc., de longueurs égales GN, G'N', G''N'', etc.; les points N, N', N'', etc., seront dans un plan S parallèle à P, et ce plan fera partie de la surface (1). En joignant de même un point quelconque N du plan S aux différents points G, G', G'', etc., du plan P, et en prolongeant de quantités égales les droites NG, NG', NG'', etc., les points M, M', M'', etc., ainsi obtenus, seront sur un second plan S' parallèle au plan P, et qui fera partie de la surface que représente l'équation (1). Nous disons de plus que cette surface n'a aucun point situé hors des plans S et S'; car, s'il en existait un, en menant par ce point une droite coupant les plans S et S', cette droite rencontrerait la surface en trois points, sans y être contenue tout entière, ce qui est impossible. Il est donc prouvé que l'équation (1) représente deux plans parallèles à celui qui contient les centres, et à des distances égales de ce dernier.

Des plans diamétraux.

374. On nomme *plan diamétral* d'une surface un plan qui passe par les milieux d'une suite de cordes parallèles à une même direction. Nous allons faire voir que, dans une surface du second degré, il existe un plan diamétral pour chaque système de cordes parallèles; nous exposerons en même temps la marche à suivre pour trouver son équation.

Soit

$$A x^2 + A' y^2 + A'' z^2 + 2\,B yz + 2\,B' xz + 2\,B'' xy$$
$$+ 2\,C x + 2\,C' y + 2\,C'' z + E = 0,$$

ou, pour simplifier,

$$(1) \qquad\qquad F(x, y, z) = 0$$

l'équation d'une surface du second degré. Supposons que

$$x = mz, \quad y = nz.$$

Soient les équations d'une droite, menée par l'origine, parallèlement aux cordes que nous considérons. Si l'on désigne par x', y', z' les coordonnées du milieu de cette corde, et si l'on transporte les axes parallèlement à eux-mêmes, de manière que l'origine soit en ce point milieu, l'équation de la surface deviendra

$$(2) \qquad\qquad F(x + x', \; y + y', \; z + z') = 0,$$

et celles de la corde dont il s'agit, seront

$$(3) \qquad\qquad x = mz, \quad y = nz.$$

En éliminant x et y entre les équations (2) et (3), l'équation du second degré en z

$$(4) \qquad\qquad F(mz + x', \; nz + y', \; z + z') = 0,$$

à laquelle on parvient, aura pour racines les coordonnées z des points d'intersection de la surface et de la corde, et comme ces coordonnées sont égales et de signes contraires, l'équation (4) ne doit pas contenir la première puissance de z. Alors en égalant à zéro le coefficient du terme du premier degré dans cette équation, on obtiendra une équation en x', y', z', m, n qui sera celle du lieu géométrique des milieux des cordes parallèles à la direction donnée. En faisant le calcul, qui ne présente aucune difficulté, on trouve que cette équation est

$$(A m + B' + B'' n) x' + (A' n + B + B'' m) y'$$
$$+ (A'' + B n + B' m) z' + C m + C' n + C'' = 0,$$

ou, en ôtant les accents,

$$(5) \quad \begin{cases} (A\,m + B' + B''n)\,x + (A'n + B + B''m)\,y \\ + (A'' + B\,n + B'm)\,z + C\,m + C'n + C'' = 0. \end{cases}$$

Les variables x, y, z étant à la première puissance, cette dernière équation représente un plan, comme on l'avait dit en commençant.

Nous devons faire remarquer que le coefficient de x est la dérivée relative à cette variable des termes du second degré qui entrent dans (1), dérivée où l'on remplacerait x, y, z par m, n et 1. Une composition semblable a lieu pour les coefficients de y et de z.

375. L'équation du plan diamétral peut être écrite de la manière suivante :

$$(6) \quad \begin{cases} (A\,x + B'z + B''y + C)\,m \\ + (A'y + B\,z + B''x + C')\,n \\ + (A''z + B\,y + B'x + C'') = 0. \end{cases}$$

Sous cette forme on voit qu'elle est satisfaite, quels que soient m et n, quand on a en même temps

$$(7) \quad \begin{cases} A\,x + B'z + B''y + C = 0, \\ A'y + B\,z + B''x + C' = 0, \\ A''z + B\,y + B'x + C'' = 0. \end{cases}$$

Or, ces dernières équations étant celles qui déterminent les coordonnées du centre, il en résulte que, dans les surfaces douées d'un centre, tous les plans diamétraux passent par ce point. Il est facile de prouver que, réciproquement, tout plan qui passe par le centre est un plan diamétral.

Dans les surfaces dépourvues de centre, les équations (7) représentent trois plans qui se coupent en un point situé à l'infini. Lorsque deux de ces plans se rencontrent, leur intersection est parallèle au troisième; par suite, ils sont parallèles à une même droite : autrement, ils sont parallèles à un même plan.

34

Dans le premier cas, si l'on désigne par D la droite à laquelle les plans (7) sont parallèles, tous les plans diamétraux seront parallèles à cette droite.

En effet, les valeurs de x, y, z, qui satisfont à l'équation (6) et à deux quelconques des équations (7), sont infinies, puisque s'il n'en était pas ainsi, les équations (7) admettraient des valeurs finies pour x, y, z. Le plan (6) est donc parallèle à la droite D représentée par deux des équations (7).

Si les plans (7) sont parallèles, tous les plans (6) le sont aussi ; car les coefficients des variables x, y, z sont proportionnels dans les équations (6) et (7).

Remarque. — Dans une surface quelconque

$$F(x, y, z) = 0,$$

si l'on imagine une suite de cordes toutes parallèles à une même direction, et qu'on prenne les milieux de ces lignes, le lieu géométrique de ces points formera ce qu'on appelle une *surface diamétrale*. Elle aurait plusieurs nappes, si chacune des droites parallèles avait plus de deux points communs avec la surface proposée ; et comme le nombre de ces points égale, en général, le degré m de l'équation

$$F(x, y, z) = 0,$$

leurs combinaisons deux à deux détermineront sur une même droite indéfinie, $\dfrac{m(m-1)}{2}$ cordes différentes, dont les milieux sont en même nombre. Par conséquent, le degré de la surface diamétrale aura généralement pour valeur $\dfrac{m(m-1)}{2}$.

Pour les surfaces du second ordre, où $m = 2$, les surfaces diamétrales ne peuvent être que des plans. Cette conséquence s'accorde d'ailleurs avec ce qui précède.

Des plans principaux.

376. On nomme *plan principal* un plan diamétral qui est perpendiculaire aux cordes qu'il divise en deux parties égales ; celles-ci sont appelées *cordes principales*. Nous allons démontrer que, dans toute surface du second degré, il existe au moins un plan principal.

Soit

$$(1)\quad \begin{cases} A\,x^2 + A'\,y^2 + A''\,z^2 + 2\,B\,yz + 2\,B'\,xz \\ + 2\,B''\,xy + 2\,C\,x + 2\,C'\,y + 2\,C''\,z + E = 0 \end{cases}$$

l'équation d'une surface du second degré, rapportée par hypothèse à des axes rectangulaires.

Soient

$$(2)\quad \begin{cases} x = mz, \\ y = nz \end{cases}$$

les équations d'une droite quelconque. On sait que le plan diamétral correspondant a pour équation

$$(3)\quad \begin{cases} (A\,m + B' + B''n)\,x + (A'\,n + B + B''m)\,y \\ + (A'' + B\,n + B'\,m)\,z + C\,m + C'\,n + C'' = 0. \end{cases}$$

Les conditions de perpendicularité de la droite (2) et du plan (3) sont (353)

$$\frac{A\,m + B' + B''n}{A'' + B\,n + B'\,m} = m, \qquad \frac{A'\,n + B + B''m}{A'' + B\,n + B'\,m} = n,$$

ou

$$(4)\quad \begin{cases} \dfrac{A\,m + B' + B''n}{m} = \dfrac{A'\,n + B + B''m}{n} \\ \\ \quad = \dfrac{A'' + B\,n + B'\,m}{1}\,; \end{cases}$$

désignant par s la valeur commune de ces rapports, on obtient

$$(5)\quad \begin{cases} (A - s)\,m + B''\,n + B' = 0, \\ B''\,m + (A' - s)\,n + B = 0, \\ B'\,m + B\,n + (A'' - s) = 0. \end{cases}$$

34.

L'élimination de m et de n entre ces trois équations conduit à

$$(s - A)(s - A')(s - A'') - B^2(s - A) - B'^2(s - A')$$
$$- B''^2(s - A'') - 2\,BB'\,B'' = 0;$$

ou bien, en développant,

$$(6) \begin{cases} s^3 - (A+A'+A'')\,s^2 + (AA' - B''^2 + AA'' - B'^2 + A'A'' - B^2)\,s \\ + (AB^2 + A'\,B'^2 + A''\,B''^2 - AA'\,A'' - 2\,BB'\,B'') = 0. \end{cases}$$

Cette équation étant du troisième degré, admettra toujours une racine réelle, à laquelle correspondront des valeurs réelles de m et de n, qu'on saura tirer de deux quelconques des équations (5). Par conséquent, dans toute surface du second degré, il existe au moins un *plan principal*. L'équation de ce plan est

$$s\,(mx + ny + z) + C\,m + C'\,n + C'' = 0,$$

puisque chacun des rapports (4) a pour valeur s.

L'existence d'un plan principal se trouve ainsi démontrée pour tous les cas. Toutefois, la proposition comporte des développements qui se déduiront aisément des considérations qui vont suivre. Nous devons faire remarquer immédiatement que le plan principal qui vient d'être obtenu peut être situé à une distance infinie de l'origine des coordonnées; mais ce cas n'a lieu que pour les surfaces dépourvues de centre, tous les plans diamétraux passant par ce dernier point dans les autres surfaces.

SIMPLIFICATIONS DE L'ÉQUATION GÉNÉRALE DES SURFACES DU SECOND DEGRÉ PAR LA TRANSFORMATION DES COORDONNÉES.

Surfaces douées d'un centre.

377. Une surface du second degré douée d'un centre, quand on la rapporte à trois axes rectangulaires, est représentée par une équation de la forme

$$(3) \begin{cases} A\,x^2 + A'\,y^2 + A''\,z^2 + 2\,B\,yz + 2\,B'\,xz + 2\,B''\,xy \\ + 2\,C\,x + 2\,C'\,y + z\,C''\,z + E = 0. \end{cases}$$

On fait d'abord disparaître les termes du premier degré, en transposant les axes parallèlement à eux-mêmes au centre de la surface ou à l'un de ses centres, si elle en a une infinité. Les termes du second degré ne sont pas altérés, mais le terme indépendant change de valeur ; on a alors une équation de la forme

$$\left\{ \begin{aligned} & A\,x^2 + A'\,y^2 + A''\,z^2 + 2\,B\,yz + 2\,B'\,xz + 2\,B''\,xy \\ & + 2\,C\,x + 2\,C'\,y + 2\,C''\,z + E_1 = 0. \end{aligned} \right.$$

Nous effectuerons une seconde simplification en prenant trois nouveaux axes rectangulaires ayant même origine que les précédents, et tels, que le nouveau plan XY coïncide avec le plan principal dont nous avons reconnu l'existence (376). Il est visible que la nouvelle équation de la surface doit être telle, que les deux valeurs de z, que l'on en déduit, soient égales et de signes contraires ; d'où il résulte que cette équation ne contiendra pas les rectangles xz et yz. Enfin, on débarrassera l'équation du troisième rectangle xy, si l'on fait tourner les axes des x et des y dans leur plan, en les laissant rectangulaires, par les formules connues

$$x = x' \cos \omega - y' \sin \omega,$$
$$y = x' \sin \omega + y' \cos \omega,$$

qui conduiront à

$$\tan 2\omega = \frac{2\,B''}{A - A'}.$$

Cette valeur étant réelle et toujours admissible, on en conclut que l'équation de la surface dont il s'agit peut être ramenée à la forme

$$(3) \qquad\qquad P\,x^2 + P'\,y^2 + P''\,z^2 = H,$$

x, y, z étant des coordonnées rectangulaires. Cette équation comprend toutes les surfaces qui ont un centre ou une infinité de centres.

378. On peut reconnaître qu'il existe une infinité de sys-

tèmes d'axes obliques pour lesquels l'équation d'une surface
à centre conserve la forme

$$P x^2 + P' y^2 + P'' z^2 = H.$$

En effet, si l'on prend trois axes quelconques passant par
le centre de la surface, l'équation ne contiendra pas de
termes du premier degré; de plus, si l'on fait coïncider
l'axe des z avec la direction des cordes que le plan XY divise en parties égales, il est clair que les rectangles xz et yz
disparaîtront. Enfin, on fera évanouir le dernier rectangle xy, par un déplacement convenable des axes des x et
des y dans leur plan. Quand l'équation d'une surface à
centre est ainsi réduite, les trois plans coordonnés forment
un système de plans *diamétraux conjugués;* le plan qui
contient deux quelconques des axes divise en deux parties
égales les cordes parallèles au troisième axe, puisque chaque hypothèse faite sur x et y par exemple, donne pour z
deux valeurs égales et de signes contraires.

Surfaces dépourvues de centre.

379. Reprenons l'équation générale

$$(1) \quad \begin{cases} A x^2 + A' y^2 + A'' z^2 + 2 B yz + 2 B' xz + 2 B'' xy \\ + 2 C x + 2 C' y + 2 C'' z + E = 0, \end{cases}$$

et supposons qu'elle représente une surface dépourvue de
centre, rapportée à des axes rectangulaires.

On sait que tous les plans diamétraux sont parallèles à
une même droite ou sont parallèles entre eux, ce dernier
cas étant compris dans le premier. Or, si l'on prend pour
axe des x la direction de la droite à laquelle sont parallèles
les plans diamétraux de la surface dont il s'agit, l'équation
de cette surface ne contiendra ni le carré x^2, ni les rectangles xy et xz. En effet, si l'on égale à zéro les dérivées du
premier membre de l'équation proposée par rapport à x, y

et z, on obtiendra

$$(2) \quad \begin{cases} A\,x + B'z + B''y + C = 0, \\ A'y + B\,z + B''x + C' = 0, \\ A''z + B\,y + B'x + C'' = 0. \end{cases}$$

Ces équations devant représenter trois plans parallèles à l'axe des x, chacune d'elles ne peut renfermer que les variables y et z; il faut alors que l'on ait

$$A = 0, \quad B' = 0, \quad B'' = 0.$$

L'équation de la surface est ainsi ramenée à la forme

$$(3) \quad A'y^2 + A''z^2 + 2\,B\,yz + 2\,C\,x + 2\,C'y + 2\,C''z + E = 0.$$

On peut ensuite faire disparaître le rectangle yz, en déplaçant dans leur plan les axes des y et des z, ces axes restant perpendiculaires. Après cette transformation, l'équation de la surface prend la forme

$$(4) \quad A'y^2 + A''z^2 + 2\,C\,x + 2\,C'y + 2\,C''z + E = 0.$$

Enfin, si l'on transporte les axes parallèlement à eux-mêmes en un point choisi convenablement, opération facile à exécuter, on fera disparaître à la fois les termes du premier degré en y et z, et le terme indépendant des variables. L'équation qui nous occupe prendra donc, en définitive, la forme

$$P'y^2 + P''z^2 = Q\,x.$$

Cette équation simple, dans laquelle x, y, z désignent des coordonnées rectangulaires, renferme toutes les surfaces dépourvues de centre.

380. La forme précédente n'a pas lieu seulement pour des axes rectangulaires; elle existe aussi pour une infinité de systèmes d'axes obliques. En effet, si l'on prend l'axe des x parallèle aux plans diamétraux, quels que soient les deux autres axes, l'équation de la surface ne renfermera

pas les termes en x^2, en xy et en xz. Comme dans le cas des coordonnées rectangulaires, on fera disparaître le rectangle yz en déplaçant convenablement dans leur plan les axes des y et des z. Enfin, on transportera les nouveaux axes parallèlement à eux-mêmes pour faire évanouir les termes du premier degré en y et z avec le terme indépendant. La proposition énoncée se trouve ainsi établie.

ÉQUATIONS LES PLUS SIMPLES DE L'ELLIPSOÏDE, DES HYPERBOLOÏDES A UNE ET A DEUX NAPPES, DES PARABOLOÏDES ELLIPTIQUE ET HYPERBOLIQUE, DES CÔNES ET DES CYLINDRES DU SECOND DEGRÉ.

Discussion des surfaces douées d'un centre.

381. Les surfaces de cette classe sont toutes renfermées, comme on l'a vu, dans l'équation

$$(1) \qquad P\,x^2 + P'\,y^2 + P''\,z^2 = H,$$

les coordonnées x, y, z étant rectangulaires. Elles présentent plusieurs genres distincts que nous nous proposons d'examiner. Nous supposerons d'abord qu'aucun des quatre coefficients ne soit égal à zéro, et nous regarderons H comme positif, ce qui est permis puisqu'on peut changer les signes de tous les termes de l'équation.

Ellipsoïde. — Lorsque P, P', P'' ont le même signe, la surface représentée par l'équation (1) se nomme *ellipsoïde*. Si ces coefficients sont négatifs, l'équation (1) n'admettant aucune solution réelle, on dit qu'elle représente un *ellipsoïde imaginaire*. Supposons donc P, P', P'' positifs. Pour obtenir les points où la surface rencontre les axes coordonnés, on égale à zéro deux des variables x, y, z, et l'on obtient

$$x = \pm\sqrt{\frac{H}{P}}, \quad y = \pm\sqrt{\frac{H}{P'}}, \quad z = \pm\sqrt{\frac{H}{P''}}.$$

Posons

$$\sqrt{\frac{H}{P}} = a, \quad \sqrt{\frac{H}{P'}} = b, \quad \sqrt{\frac{H}{P''}} = c,$$

et remplaçons dans (1) P, P′, P″ par leurs valeurs tirées de ces relations ; nous aurons, pour l'équation de la surface,

$$(2) \qquad \frac{x^2}{a^2} + \frac{y^2}{b^2} + \frac{z^2}{c^2} = 1.$$

Les distances $OA = a$, $OB = b$, $OC = c$ (*fig.* 190) sont les *demi-axes* de la surface ; par conséquent, les axes sont $AA' = 2a$, $BB' = 2b$, $CC' = 2c$. Les extrémités A, A′, B, B′, C, C′ de ces dernières lignes sont les sommets de l'ellipsoïde.

En faisant $z = 0$ dans l'équation (2), pour avoir la section de la surface par le plan des xy, on obtient

$$\frac{x^2}{a^2} + \frac{y^2}{b^2} = 1,$$

équation d'une ellipse ayant pour axes $2a$ et $2b$. Les deux autres plans coordonnés coupent aussi la surface suivant des ellipses. Ces trois courbes sont dites *sections principales*. Il est évident que les plans coupants sont des plans principaux.

382. Les sections parallèles au plan XY sont données par deux équations de la forme

$$z = h, \quad \frac{x^2}{a^2} + \frac{y^2}{b^2} = 1 - \frac{h^2}{c^2};$$

et l'on voit que ce sont toujours des *ellipses semblables*, puisque leurs axes, qui ont pour valeurs $2a\sqrt{1 - \dfrac{h^2}{c^2}}$, $2b\sqrt{1 - \dfrac{h^2}{c^2}}$, conservent entre eux un rapport constant $\dfrac{a}{b}$, quel que soit h. Ces ellipses devenant imaginaires quand $h > c$, il en résulte que la surface ne s'étend ni au-dessus du point C, ni au-dessous du point C'. On arriverait aux mêmes conséquences pour les sections parallèles au plan XZ ou au plan YZ. L'ellipsoïde est donc une surface fermée dans tous les sens.

383. Lorsqu'on suppose égaux deux des axes de l'ellipsoïde, c'est-à-dire quand on écrit $a = b$ par exemple, l'équation (2) devient

$$x^2 + y^2 + \frac{a^2}{c^2} z^2 = a^2;$$

alors toutes les sections parallèles au plan XY sont des cercles qui ont leurs centres sur l'axe OZ, et qui sont définis par deux équations simultanées telles que

$$z = h, \quad x^2 + y^2 = a^2 \left(1 - \frac{h^2}{c^2} \right).$$

Ainsi la surface est de révolution autour de l'axe OZ. Il est visible qu'on peut la regarder comme engendrée par l'ellipse CAC' tournant autour de son axe CC'. On peut dire aussi qu'elle est produite par un cercle de rayon variable, dont le plan reste parallèle au plan XY, et dont le centre se meut sur l'axe des z.

384. Enfin, si l'on suppose égaux les trois axes $2\,a$, $2\,b$, $2\,c$, l'équation de la surface se réduit à

$$x^2 + y^2 + z^2 = a^2,$$

équation qui exprime que la distance d'un point quelconque de la surface à l'origine est constamment égale à a. Il en résulte que la sphère est un cas particulier de l'ellipsoïde.

385. *Hyperboloïde à une nappe.* — Lorsque l'un des coefficients P, P', P'' est négatif, et que les deux autres sont positifs, la surface représentée par l'équation (1) est ce qu'on appelle un *hyperboloïde à une nappe*. Supposons que P et

P soient positifs, et que P'' soit négatif; on aura l'équation

$$P x^2 + P' y^2 - P'' z^2 = H.$$

En opérant comme précédemment, les points où la surface coupe les axes sont donnés par les relations

$$x = \pm \sqrt{\frac{H}{P}}, \quad y = \pm \sqrt{\frac{H}{P'}}, \quad z = \pm \sqrt{\frac{H}{-P''}}.$$

Posant

$$\sqrt{\frac{H}{P}} = a, \quad \sqrt{\frac{H}{P'}} = b, \quad \sqrt{\frac{H}{-P''}} = c \sqrt{-1},$$

l'équation de la surface devient

$$(3) \qquad \frac{x^2}{a^2} + \frac{y^2}{b^2} - \frac{z^2}{c^2} = 1.$$

Si l'on prend $OA = OA' = a$ (*fig.* 191) sur l'axe des x, $OB = OB' = b$ sur l'axe des y, $OC = OC' = c$ sur l'axe des z, les quatre points A, A', B, B' appartiendront à la surface; les droites AA', BB', CC' sont les *longueurs des axes* de l'hyperboloïde. Les deux premières qui rencontrent la surface se nomment *axes réels*; la troisième est dite *axe imaginaire*. Les extrémités des axes réels sont les sommets de la surface. Chaque plan coordonné est un plan principal de la surface, et coupe cette dernière suivant une courbe appelée *section principale*. La section déterminée par le plan des xy est une ellipse ayant pour équation

$$\frac{x^2}{a^2} + \frac{y^2}{b^2} = 1;$$

les deux autres sections principales sont des hyperboles représentées dans leurs plans par les équations

$$\frac{x^2}{a^2} - \frac{z^2}{c^2} = 1, \quad \frac{y^2}{b^2} - \frac{z^2}{c^2} = 1.$$

386. Les sections parallèles au plan XY sont définies par

les équations simultanées

$$z = h, \qquad \frac{x^2}{a^2} + \frac{y^2}{b^2} = 1 + \frac{h^2}{c^2};$$

ces courbes sont des *ellipses* toujours semblables, puisque les deux axes qui s'obtiennent en posant successivement $y = 0$, $z = 0$, conservent entre eux le même rapport, quel que soit h. Les dimensions de ces ellipses augmentent indéfiniment avec la valeur numérique de h; alors la plus petite est celle qui correspond à $z = 0$: on la nomme *ellipse de gorge;* c'est la courbe ABA′B′.

387. Il résulte de ce qui précède que la surface que nous considérons s'étend à l'infini, et n'est formée que d'une seule *nappe* continue.

388. Lorsque les deux axes réels $2a$ et $2b$ sont égaux, l'hyperboloïde est de révolution autour de l'axe imaginaire. En effet, les sections déterminées par des plans perpendiculaires à cet axe sont des cercles dont il contient les centres. On trouve l'équation de la méridienne dans le plan **XZ** en faisant $y = 0$ dans l'équation de la surface. On obtient l'hyperbole

$$\frac{x^2}{a^2} - \frac{z^2}{c^2} = 1.$$

389. *Hyperboloïde à deux nappes.* — Lorsque deux des coefficients P, P′, P″ sont négatifs, et que le troisième est positif, la surface représentée par l'équation (1) s'appelle *hyperboloïde à deux nappes.* Nous prendrons P positif, P′ et P″ négatifs. La surface rencontre les axes coordonnés aux distances

$$(\alpha) \qquad x = \pm \sqrt{\frac{H}{P}}, \qquad y = \pm \sqrt{\frac{H}{-P'}}, \qquad z = \mp \sqrt{\frac{H}{-P''}}.$$

Posant

$$\sqrt{\frac{H}{P}} = a, \qquad \sqrt{\frac{H}{-P'}} = b\sqrt{-1}, \qquad \sqrt{\frac{H}{-P''}} = c\sqrt{-1},$$

l'équation de la surface devient

$$(4) \qquad \frac{x^2}{a^2} - \frac{y^2}{b^2} - \frac{z^2}{c^2} = 1.$$

Si l'on prend $OA = OA' = a$ (*fig.* 192) sur l'axe des x, $OB = OB' = b$ sur l'axe des y, $OC = OC' = c$ sur l'axe des z, les points A et A' appartiendront à la surface; les droites AA′, BB′, CC′ sont appelées les *longueurs des axes* de l'hyperboloïde. D'après les valeurs (α), il est évident que le premier est le seul qui rencontre la surface : il est dit l'*axe réel;* les deux autres sont les *axes imaginaires*. La surface n'a que deux sommets, qui sont les extrémités A et A′ de l'axe réel. Les plans coordonnés sont des plans principaux. Les plans XZ et XY rencontrent la surface suivant des hyperboles qu'on nomme *sections principales*. On aurait encore des hyperboles si les plans coupants étaient parallèles à ceux que nous venons de désigner. Pour des plans sécants parallèles à YZ, ou perpendiculaires à l'axe réel OX, on a

$$x = h, \quad \frac{y^2}{b^2} + \frac{z^2}{c^2} = \frac{h^2}{a^2} - 1;$$

ces sections sont des ellipses *semblables* entre elles, et qui croissent indéfiniment avec la valeur absolue de h; mais elles deviennent imaginaires quand $h^2 < a^2$, c'est-à-dire dans l'intervalle des deux sommets réels A et A′.

390. Il résulte de là que la surface dont il s'agit est composée de *deux nappes,* indéfinies chacune dans un sens, mais séparées par un intervalle où il n'existe aucun point de cette surface.

Quand les deux axes imaginaires $2c$ et $2b$ sont égaux, l'hyperboloïde est de révolution autour de l'axe réel, car les sections obtenues pour des plans $x = h$ perpendiculaires à cet axe, sont des cercles dont il contient les centres. L'équation de la méridienne dans le plan XZ s'obtient en faisant

$y = 0$ dans l'équation de la surface; on trouve alors

$$\frac{x^2}{a^2} - \frac{z^2}{c^2} = 1\,;$$

c'est l'hyperboloïde (AE, A'F).

391. *Cónes du second degré.* — Pour compléter la discussion des surfaces qui ont un centre unique, nous allons considérer les cas particuliers où il y a des termes nuls dans l'équation (1). Soit H = o; aucun des coefficients P, P′, P″ n'étant nul, l'équation (1) se réduit à

$$(1) \qquad P x^2 + P' y^2 + P'' z^2 = 0.$$

Si P, P′, P″ sont de même signe, l'équation ne peut être vérifiée par d'autres valeurs réelles que $x = 0$, $y = 0$, $z = 0$; donc, dans ce cas, la surface se réduit à un point qui est l'origine des coordonnées. On a une variété de l'ellipsoïde. Si l'un des coefficients P, P′, P″ est de signe contraire aux deux autres, l'équation dont il s'agit représentera un cône du second degré. En effet, soient

$$(2) \qquad x = mz, \quad y = nz$$

les équations d'une droite passant par l'origine; en éliminant x, y, z entre les équations (1) et (2), on obtient

$$(3) \qquad P m^2 + P' n^2 + P'' = 0.$$

Quand cette équation est satisfaite, la droite (2) est sur la surface (1); de plus, si l'on fait varier m et n de manière que la même équation ne cesse pas d'avoir lieu, la droite (2) tournera autour de l'origine et engendrera la surface. On voit par là que l'équation (1) représente un cône du second degré, surface que l'on doit regarder comme une variété de l'hyperboloïde à une nappe ou de l'hyperboloïde à deux nappes. Il est permis de dire que c'est un hyperboloïde à une nappe dont l'ellipse de gorge se réduit à un point, ou un hyperboloïde à deux nappes dont l'axe réel se réduit à zéro.

392. *Cylindre elliptique et hyperbolique.* — Supposons maintenant que l'un des coefficients, P'' par exemple, soit nul dans l'équation

$$P x^2 + P' y^2 + P'' z^2 = H ;$$

nous aurons alors

$$P x^2 + P' y^2 = H.$$

Cette équation, ne renfermant que deux variables x et y, eprésente (322) un cylindre parallèle à l'axe des z, et dont la base est une ellipse ou une hyperbole, selon que P et P' sont de même signe ou de signes contraires. Si l'ellipse se réduit à un point, la surface se réduit à l'axe des z. Dans le cas où l'hyperbole dégénère en deux droites qui se coupent, la surface est composée de deux plans qui se rencontrent.

393. Lorsqu'on a en même temps $P' = \mathrm{o}$, $P'' = \mathrm{o}$, l'équation de la surface devient

$$P x^2 = H.$$

Cette dernière représente un système de deux plans parallèles, qui se réduisent à un seul si H est nul.

Discussion des surfaces dépourvues de centre.

394. Les surfaces dépourvues de centre sont toutes comprises, comme on l'a vu, dans l'équation

$$(1) \qquad P' y^2 + P'' z^2 = Q x ,$$

x, y, z désignant des coordonnées rectangulaires, et le coefficient Q étant différent de zéro. Nous supposerons P' et P'' différents de zéro. On pourra rendre P' positif, s'il ne l'est pas, en changeant les signes de tous les termes. Ensuite, on regardera Q comme positif ; car s'il est négatif, il suffira de changer le sens des x positifs, ce qui se fait en remplaçant x par $-x$. Puisque P' et Q peuvent toujours être regardés comme positifs, nous n'aurons à examiner que le cas où P″ est positif, et celui où il est négatif.

395. *Paraboloïde elliptique.* — Lorsque les trois coefficients P', P″ et Q sont positifs, la surface que représente l'équation (1) est nommée *paraboloïde elliptique.* Cette surface ne coupe évidemment les axes qu'à l'origine des coordonnées; les plans XY et XZ sont des plans principaux; l'axe des x est dit l'*axe* du paraboloïde. Les deux paraboles AOA', BOB' (*fig.* 193), déterminées par les deux plans principaux, sont des *sections principales;* elles ont pour équations :

$$z = 0 \quad \text{et} \quad y^2 = \frac{Q}{P'}\, x,$$

$$y = 0 \quad \text{et} \quad z^2 = \frac{Q}{P''}\, x.$$

Si l'on désigne par $2p$ et $2p'$ les paramètres de ces paraboles, on a

$$\frac{Q}{P'} = 2p, \quad \frac{Q}{P''} = 2p';$$

portant dans l'équation (1) les valeurs de P' et P″, tirées de ces relations, elle prendra la forme

$$(2) \qquad \frac{y^2}{p} + \frac{z^2}{p'} = 2x.$$

Les sections parallèles au plan YZ, ou perpendiculaires à l'axe OX, sont des ellipses représentées par

$$(3) \qquad x = h \quad \text{et} \quad \frac{y^2}{p} + \frac{z^2}{p'} = 2h;$$

on voit que ce sont toujours des ellipses, telles que ABA'B', *semblables* entre elles, puisque leurs axes, qui s'obtiennent en posant successivement $z = 0$, $y = 0$ dans l'équation (3), conservent un rapport indépendant de h. Ces ellipses augmentent indéfiniment avec h, tant que cette quantité est positive ; mais elles deviendraient imaginaires si h était négatif. Il résulte de là que le paraboloïde elliptique est une surface composée d'une nappe qui s'étend à l'infini dans un seul sens.

Lorsque $p = p'$, les ellipses (3) deviennent des cercles, dont les centres sont situés sur l'axe OX, et dont les plans sont perpendiculaires à cette droite ; par conséquent, le paraboloïde est de révolution, et peut être engendré par l'une des demi-paraboles OA ou OB.

396. *Paraboloïde hyperbolique.* — Les coefficients P′ et Q étant positifs, si P″ est négatif, la surface que représente l'équation (1) se nomme *paraboloïde hyperbolique*. Cette surface, comme la précédente, ne coupe les axes qu'à l'origine ; les plans XY et XZ sont des plans principaux ; les paraboles AOA′, BOB′ (*fig.* 194) sont appelées *sections principales*. Elles ont pour équations :

$$z = 0 \quad \text{et} \quad y^2 = \frac{Q}{P'} = 2px,$$

$$y = 0 \quad \text{et} \quad z^2 = \frac{Q}{-p''} = -2p'x ;$$

la seconde ayant un paramètre négatif tourne sa concavité vers les x négatifs. Quand on introduit les paramètres de ces courbes dans l'équation du paraboloïde, elle devient

$$(4) \qquad \frac{y^2}{p} - \frac{z^2}{p'} = 2x.$$

Les plans parallèles à YZ coupent cette surface suivant des hyperboles représentées par

$$(5) \qquad x = h \quad \text{et} \quad \frac{y^2}{p} - \frac{z^2}{p'} = 2h.$$

Leurs axes, qu'on détermine en posant successivement

35

$z = 0$, $y = 0$, dans l'équation (5), conservent entre eux un rapport indépendant de h : ainsi, toutes ces hyperboles sont *semblables*, et elles s'agrandissent indéfiniment avec la valeur absolue de h ; mais leur position change avec le signe de cette quantité. En effet, pour une valeur positive $h = OO'$, l'équation (5) montre que l'hyperbole (FDH, F'D'H') a son axe réel O'D dirigé parallèlement à OY, et son axe imaginaire O'S vertical, tandis que pour une valeur négative $h = OO''$, l'équation (5) donne une hyperbole (IKL, I'K'L') dont l'axe réel O''K est vertical, et dont l'axe imaginaire O''N est parallèle à OY.

Quand on pose $h = 0$ dans (5), on reconnaît que le plan YZ coupe le paraboloïde suivant deux droites

$$x = 0, \qquad y = \pm z \sqrt{\frac{p}{p'}},$$

qui sont les asymptotes communes à toutes les hyperboles précédentes projetées sur ce plan YZ.

On conclut de ce qui précède que le paraboloïde hyperbolique est une surface composée d'une seule nappe continue, qui s'étend à l'infini vers les x positifs et vers les x négatifs, mais dont la courbure présente une forme opposée dans ces deux régions.

397. Chacun des deux paraboloïdes peut être engendré par une des deux paraboles principales, BOB' (*fig.* 193 et 194) par exemple, qui se mouvrait parallèlement à elle-même, et de manière que son sommet glissât constamment sur l'autre parabole principale AOA'.

Considérons le paraboloïde elliptique où ces deux courbes ont pour équations

$$AOA' \ldots \ldots \qquad z = 0 \quad \text{et} \quad y^2 = 2px,$$
$$BOB' \ldots \ldots \qquad y = 0 \quad \text{et} \quad z^2 = 2p'x.$$

Lorsque la génératrice BOB' (*fig.* 193) sera venue dans

une position quelconque DE, son sommet D, dont nous représenterons les coordonnées par $OO'=\gamma$, $O'D=\delta$, se projettera en O' sur le plan XZ; et comme la courbe mobile est dans un plan parallèle à ce dernier, elle conservera en projection le même paramètre $2p'$; ses équations seront alors

$$(f) \qquad \begin{cases} y = \delta, \\ z^2 = 2p'(x - \gamma). \end{cases}$$

D'ailleurs, le sommet D étant toujours sur la directrice AOA′, il faudra que ses coordonnées $x = \gamma$, $y = \delta$, $z = 0$ satisfassent aux équations de cette dernière courbe; ce qui donnera la relation

$$(g) \qquad \delta^2 = 2p\gamma.$$

Les quantités γ et δ variant d'une position à l'autre de la génératrice, il en résulte que si l'on élimine γ et δ entre les équations (f) et (g), l'équation qu'on obtiendra sera celle de la surface engendrée. Il suffit de porter dans (g) les valeurs de δ et de γ tirées des équations (f); on trouve alors

$$y^2 = 2p\,\frac{(2p'x - z^2)}{2p'} \quad \text{ou} \quad \frac{y^2}{p} + \frac{z^2}{p'} = 2x.$$

La surface déterminée est donc réellement un paraboloïde elliptique.

On opère d'une manière semblable pour le paraboloïde hyperbolique, en partant des deux paraboles principales qui ont pour équations

$$\text{AOA}', \quad z = 0, \quad y^2 = 2px,$$
$$\text{BOB}', \quad y = 0, \quad z^2 = -2p'x.$$

398. *Cylindre parabolique.* — Supposons que l'un des coefficients P′ ou P‴ soit nul dans l'équation

$$P'y^2 + P''z^2 = Qx.$$

Soit, par exemple, $P'' = 0$; l'équation se réduit à

$$(a) \qquad P'y^2 = Qx,$$

35.

qui représente un cylindre parallèle à l'axe des z, et dont la trace sur le plan XY est une parabole ; la surface dont il s'agit est donc un *cylindre parabolique*.

L'hypothèse $P' = 0$, $P'' = 0$ donne $x = 0$, qui représente le plan YZ. La surface n'appartient plus au second degré.

Remarque importante. — Les surfaces du second ordre peuvent être distribuées en cinq genres, savoir : l'ellipsoïde, l'hyperboloïde à une nappe, l'hyperboloïde à deux nappes, le paraboloïde elliptique et le paraboloïde hyperbolique.

Toutefois, la classification n'est complète qu'autant que l'on rattache à ces surfaces, comme cas particuliers, les *cônes* et les *cylindres*. Nous ajouterons qu'une équation du second degré peut aussi donner *deux plans qui se coupent, deux plans parallèles, un plan unique, une droite, un point*, et peut même offrir *des cas d'impossibilité*.

Nature des sections planes des surfaces du second degré.

399. On a vu (n° 367) que toute section plane d'une surface du second degré est une courbe du second degré. Nous nous proposons de déterminer de quel genre sont les courbes du second ordre, que l'on obtient en coupant par des plans les différentes surfaces que nous avons examinées précédemment.

Démontrons d'abord que la projection d'une courbe du second degré sur un plan est une courbe du second degré de même espèce. Soient CMD (*fig.* 195) la courbe dont il s'agit, RS son plan, RS' le plan de projection. Prenons dans le premier et dans le second plan l'intersection RX pour axe des x ; puis choisissons pour axe des y, d'une part OY, perpendiculaire en un point quelconque de RX dans le plan de la courbe, de l'autre OY', projection de OY sur RS'.

Il est visible qu'un point arbitraire M ayant pour coordonnées OP et PM, sa projection M' sera déterminée par OP et PM'; les deux points auront la même abscisse, et comme l'ordonnée $M'P = MP \cos \alpha$, α étant l'angle des plans RS et RS', il en résulte que, pour passer de l'équation de la projection à celle de la courbe, il suffit de mettre $y \cos \alpha$ à la place de y dans la première. On voit alors que si l'équation de la projection est généralement

$$A y^2 + B xy + C x^2 + \ldots = 0,$$

celle de la courbe sera

$$A \cos^2 \alpha \, y^2 + B \cos \alpha \, xy + C x^2 + \ldots = 0.$$

Or, $B^2 - 4AC$ et $(B^2 - 4AC) \cos^2 \alpha$ sont des quantités de même signe; donc la courbe et sa projection sont de même espèce.

On conclut de ce qui vient d'être dit, que, pour connaître la nature d'une courbe du second degré dans l'espace, il suffit de savoir quelle est la nature de sa projection sur un des plans coordonnés.

400. Maintenant, occupons-nous des différents genres de sections planes des surfaces du second degré.

Ellipsoïde. Prenons l'équation

$$(1) \qquad P x^2 + P' y^2 + P'' z^2 = H,$$

et coupons la surface par le plan

$$(2) \qquad z = mx + ny + k.$$

L'élimination de z entre les équations (1) et (2) conduit à

$$(3) \quad (P + P'' m^2) x^2 + (P' + P'' n^2) y^2 + 2 P'' mn \, xy + \ldots = 0,$$

résultat dans lequel la condition $B^2 - 4AC < 0$ se trouve remplie, puisque

$$B^2 - 4AC = -4 (PP' + P' P'' m^2 + PP'' n^2).$$

L'équation (3) est donc celle d'une ellipse. Par conséquent, toutes les sections planes de l'ellipsoïde sont des ellipses.

Hyperboloïde à une nappe. — On passe de l'ellipsoïde à l'hyperboloïde à une nappe, en changeant, dans ce qui précède, P'' en $-P''$. Ici l'intersection de l'hyperboloïde

$$P x^2 + P' y^2 - P'' z^2 = H$$

et du plan

$$z = mx + ny + k,$$

peut être une ellipse, une parabole ou une hyperbole; car on a, en faisant le changement indiqué,

$$B^2 - 4 AC = - 4 (PP' - P' P'' m^2 - PP'' n^2)$$
$$= 4 (P' P'' m^2 + PP'' n^2 - PP'),$$

quantité qui est positive, nulle ou négative, suivant les valeurs de m et de n.

Hyperboloïde à deux nappes. — Pour passer du cas précédent à celui de l'hyperboloïde à deux nappes, il suffit de changer partout P' en $-P'$. L'équation de la surface est

$$P x^2 - P' y^2 - P'' z^2 = H.$$

La nature de son intersection par le plan

$$z = mx + ny + k$$

dépendra des signes de la quantité $B^2 - 4 AC$; or, on a

$$B^2 - 4 AC = 4 (PP' + PP'' n^2 - P' P'' m^2),$$

quantité qui peut être négative, nulle ou positive. Donc l'hyperboloïde à deux nappes donne pour sections toutes les courbes du second ordre.

Paraboloïde elliptique. — L'équation du paraboloïde elliptique est

$$\frac{y^2}{p} + \frac{z^2}{p'} = 2 x.$$

La projection sur le plan XY de l'intersection de cette surface par le plan

$$z = mx + ny + k,$$

a pour équation

$$(p' + pn^2) y^2 + pm^2 x^2 + 2 p mn xy + \ldots = 0.$$

Comme le binôme caractéristique

$$B^2 - 4\,AC = - 4 pp' m^2,$$

il en résulte que les sections faites dans la surface sont toujours des ellipses ou des paraboles; d'ailleurs, ce dernier
cas n'arrive que quand $m = 0$, c'est-à-dire quand le plan
sécant est parallèle à l'axe du paraboloïde.

Paraboloïde hyperbolique. — On passe du paraboloïde
elliptique au paraboloïde hyperbolique, en changeant p' en
$- p'$. Si l'on combine l'équation

$$\frac{y^2}{p} - \frac{z^2}{p'} = 2\,x$$

de la surface que nous considérons, avec celle du plan

$$z = mx + ny + k,$$

il viendra, pour la projection de la section,

$$(\alpha) \qquad (p' - pn^2) y^2 - pm^2 x^2 - 2 p mn\, xy + \ldots = 0.$$

Ici la quantité $B^2 - 4\,AC = 4 pp' m^2 + pp' m^2$; donc
toutes les sections planes du paraboloïde hyperbolique sont
des hyperboles ou des paraboles, et ce dernier cas arrive
seulement quand $m = 0$, c'est-à-dire quand le plan sécant
est parallèle à l'axe de la surface. Toutefois, parmi les hyperboles, il faut comprendre le système de deux droites, et
parmi les paraboles, le cas d'une seule droite.

Du cône asymptote d'un hyperboloïde.

401. On a vu que l'équation

$$P x^2 + P' y^2 + P'' z^2 = H,$$

dans laquelle H est positif, représente un hyperboloïde à

une ou à deux nappes, suivant que parmi les coefficients P, P′, P″, il s'en trouve *un* ou *deux* négatifs. Dans ces deux cas, l'équation

$$(1) \qquad P x^2 + P' y^2 + P'' z^2 = 0$$

représente un cône dont le sommet est à l'origine (*). Car, toute droite AM (*fig.* 196), menée de l'origine à un point M dont les coordonnées α, 6, γ vérifient l'équation (1), est entièrement située sur la surface représentée par cette équation. En effet, prenons sur AM un point quelconque M′, et nommons r le rapport des distances AM′, AM. Les coordonnées de M′ seront évidemment αr, $6 r$, γr. Or, par hypothèse,

$$P\alpha^2 + P'6^2 + P''\gamma^2 = 0 ; \quad \text{donc} \quad r^2 (P\alpha^2 + P'6^2 + P''\gamma^2) = 0,$$

et, par conséquent, les coordonnées de M′ satisfont à l'équation (1).

402. Actuellement, supposons que l'on mène par l'origine A, un plan qui coupe le cône $P x^2 + P' y^2 + P'' z^2 = 0$, suivant deux génératrices AX′, AY′ (*fig.* 196); l'intersection de ce plan et de l'hyperboloïde $P x^2 + P' y^2 + P'' z^2 = H$ sera une hyperbole ayant pour asymptotes les deux génératrices AX′, AY′.

En effet, si l'on cherche l'équation de l'intersection du cône et du plan Y′AX′, en prenant pour axes de coordonnées les génératrices AX′, AY′, les formules de transformation devront réduire le trinôme $P x^2 + P' y^2 + P'' z^2$ à la forme $\lambda x' y'$; puisque l'intersection dont il s'agit étant formée des deux axes AX′, AY′ doit avoir pour équation $\lambda x' y' = 0$, λ représentant un coefficient invariable. Il

---

(*) Si les trois coefficients P, P′, P″ avaient le même signe, l'équation (1) n'admettrait que la solution

$$x = 0, \quad y = 0, \quad z = 0.$$

s'ensuit que l'intersection de l'hyperboloïde

$$P\,x^2 + P'y^2 + P''z^2 = H,$$

et du plan Y'AX', rapportée aux mêmes axes AX', AY', sera déterminée par l'équation $\lambda x'y' = H$, qui représente une hyperbole dont les asymptotes sont les axes de coordonnées AX', AY'.

Observons que le même raisonnement s'applique sans aucune modification aux hyperboloïdes représentés par l'équation plus générale

$$A\,x^2 + A'y^2 + A''z^2 + 2\,B\,yz + 2\,B'\,xz + 2\,B''\,xy + E = 0;$$

c'est-à-dire qu'on démontrera comme précédemment que l'équation homogène

$$A\,x^2 + A'y^2 + A''z^2 + 2\,B\,yz + 2\,B'\,xz + 2\,B''\,xy = 0$$

est celle d'un cône dont le sommet est à l'origine, et qui a pour génératrices les asymptotes des hyperboles déterminées en coupant l'hyperboloïde par des plans passant par son centre. Cette propriété a fait donner au cône dont il s'agit le nom de *cône asymptote*.

Il résulte évidemment de la même propriété que la surface du cône asymptote s'approche indéfiniment de celle de l'hyperboloïde, sans que ces deux surfaces puissent avoir un seul point commun. Le cône est entièrement compris dans l'intérieur de l'hyperboloïde à une nappe; et, au contraire, il enveloppe l'hyperboloïde à deux nappes. D'où il faut conclure qu'un plan tangent au cône asymptote coupe nécessairement le premier hyperboloïde, tandis qu'il ne peut avoir aucun point commun avec le second.

403. *L'intersection d'un hyperboloïde à une nappe et d'un plan tangent au cône qui lui est asymptote, se forme de deux droites parallèles à la génératrice de contact du cône, et équidistantes de cette génératrice.*

Pour le démontrer, désignons par Y′AX′ (*fig.* 196) le plan tangent au cône suivant la génératrice AY′; et prenons AY′ pour axe des y, et pour axe des x une droite quelconque AX′ menée par le centre A de la surface dans le plan tangent. L'équation de l'intersection du cône $Px^2 + P'y^2 + P''z^2 = 0$, et du plan Y′AX′, deviendra, par les formules de transformation, $\lambda x'^2 = 0$, puisque tous les points communs à ces deux surfaces appartiennent à l'axe des y, AY′. Par suite, l'intersection de l'hyperboloïde $Px^2 + P'y^2 + P''z^2 = H$ et du plan Y′AX′, rapportée aux mêmes axes AY′, AX′, sera donnée par l'équation $\lambda x'^2 = H$, qui représentera deux droites parallèles à l'axe AY′ et situées de différents côtés de cet axe à des distances égales.

D'après cela, on voit qu'à chacune des génératrices du cône, correspondent deux génératrices rectilignes de l'hyperboloïde à une nappe, parallèles à celle du cône.

404. *Les sections faites par un même plan dans un hyperboloïde et son cône asymptote sont des courbes du même genre.*

En effet, soient

$$P x^2 + P'y^2 + P''z^2 = H,$$
$$P x^2 + P'y^2 + P''z^2 = 0,$$

les équations d'un hyperboloïde et du cône asymptote. En coupant ces deux surfaces par le plan

$$z = mx + ny + k,$$

les équations des projections sur le plan XY ne différeront que par le terme indépendant des variables. Il en résulte alors que ces courbes sont du même genre.

SECTIONS RECTILIGNES DE L'HYPERBOLOÏDE A UNE NAPPE. — ON PEUT, SUR LA SURFACE DE L'HYPERBOLOÏDE A UNE NAPPE, TRACER DEUX DROITES PAR CHACUN DE CES POINTS, D'OU RÉSULTENT DEUX SYSTÈMES DE GÉNÉRATRICES RECTILIGNES DE L'HYPERBOLOÏDE. — DEUX DROITES PRISES DANS UN MÊME SYSTÈME NE SE RENCONTRENT PAS, ET DEUX DROITES DE SYSTÈMES DIFFÉRENTS SE RENCONTRENT TOUJOURS. — TOUTES LES DROITES SITUÉES SUR L'HYPERBOLOÏDE ÉTANT TRANSPORTÉES AU CENTRE, PARALLÈLEMENT A ELLES-MÊMES, S'APPLIQUENT EXACTEMENT SUR LE CONE ASYMPTOTE. — TROIS DROITES D'UN MÊME SYSTÈME NE SONT JAMAIS PARALLÈLES A UN MÊME PLAN. — L'HYPERBOLOÏDE A UNE NAPPE PEUT ÊTRE ENGENDRÉ PAR UNE DROITE QUI SE MEUT EN S'APPUYANT SUR TROIS DROITES FIXES, NON PARALLÈLES A UN MÊME PLAN; ET RÉCIPROQUEMENT, LORSQU'UNE DROITE GLISSE SUR TROIS DROITES FIXES, NON PARALLÈLES A UN MÊME PLAN, ELLE ENGENDRE UN HYPERBOLOÏDE A UNE NAPPE.

405. Soit

$$(1) \qquad \frac{x^2}{a^2} + \frac{y^2}{b^2} - \frac{z^2}{c^2} = 1$$

l'équation d'un hyperboloïde à une nappe; on peut l'écrire de cette manière :

$$\frac{y^2}{b^2} - \frac{z^2}{c^2} = 1 - \frac{x^2}{a^2},$$

ou

$$\left(\frac{y}{b} + \frac{z}{c}\right)\left(\frac{y}{b} - \frac{z}{c}\right) = \left(1 + \frac{x}{a}\right)\left(1 - \frac{x}{a}\right).$$

Il est visible que cette dernière équation peut être regardée comme résultant de l'élimination de γ entre les deux équations

$$(2) \qquad \frac{y}{b} + \frac{z}{c} = \gamma\left(1 + \frac{x}{a}\right), \quad \frac{y}{b} - \frac{z}{c} = \frac{1}{\gamma}\left(1 - \frac{x}{a}\right),$$

ou de l'élimination de δ entre les deux équations

$$(3) \qquad \frac{y}{b} + \frac{z}{c} = \delta\left(1 - \frac{x}{a}\right), \quad \frac{y}{b} - \frac{z}{c} = \frac{1}{\delta}\left(1 + \frac{x}{a}\right).$$

En considérant γ et δ comme deux quantités susceptibles de recevoir toutes les valeurs possibles, les équations (2) et (3) représenteront deux systèmes de droites toutes situées sur l'hyperboloïde.

Remarque. — La méthode précédente suppose qu'on a ramené l'équation de l'hyperboloïde à la forme (1). Nous allons en exposer une autre qu'on pourrait appliquer à l'équation non simplifiée.

Soit

$$(g) \qquad\qquad y = \alpha x + \beta$$

l'équation d'un plan quelconque parallèle à l'axe des z; en éliminant y entre (1) et (g), on obtient

$$(4) \qquad \frac{z^2}{c^2} = \frac{x^2(b^2 + a^2\alpha^2) + 2\alpha\beta a^2 x + a^2(\beta^2 - b^2)}{a^2 b^2},$$

équation qui représente la projection sur le plan **XZ** de l'intersection de l'hyperboloïde et du plan. Pour que cette intersection se réduise à deux droites, il faut que les valeurs de z soient du premier degré en x : le second membre doit donc être un carré, ce qui exige qu'on ait entre les indéterminées α et β, la relation

$$(b^2 + a^2\alpha^2)(\beta^2 - b^2)\, a^2 = \alpha^2 \beta^2 a^4;$$

d'où l'on déduit

$$\beta = \sqrt{b^2 + a^2\alpha^2},$$

le radical emportant avec lui le double signe $\pm$. De cette manière, l'équation (4) donne effectivement deux valeurs du premier degré, et en les joignant, chacune à son tour, à l'équation (g), il vient

$$\begin{cases} y = \alpha x + \sqrt{b^2 + a^2\alpha^2}, \\ z = \dfrac{c\left(x\sqrt{b^2 + a^2\alpha^2} + a^2\alpha\right)}{ab}; \end{cases}$$

$$\begin{cases} y = \alpha x + \sqrt{b^2 + a^2\alpha^2}, \\ z = \dfrac{-c\left(x\sqrt{b^2 + a^2\alpha^2} + a^2\alpha\right)}{ab}. \end{cases}$$

Ces deux systèmes d'équations, dans lesquels α est indéterminé, correspondent aux deux systèmes de droites contenues sur la surface.

Il est visible qu'on reproduirait l'équation de l'hyperboloïde, en éliminant α entre les deux équations de l'un des systèmes.

Pour appliquer les résultats à l'ellipsoïde ou à l'hyperboloïde à deux nappes, il suffit de changer c en $c\sqrt{-1}$, ou b en $b\sqrt{-1}$; mais alors les résultats sont imaginaires; donc ces deux surfaces n'admettent aucune génératrice rectiligne, ce qui d'ailleurs est évident.

406. *Deux droites d'un même système ne sont pas dans un même plan.*

Soient

$$\frac{y}{b} + \frac{z}{c} = \gamma\left(1 + \frac{x}{a}\right), \quad \frac{y}{b} - \frac{z}{c} = \frac{1}{\gamma}\left(1 - \frac{x}{a}\right),$$

les équations d'une droite du système (γ). En ajoutant ces équations, après avoir multiplié l'une d'elles par une indéterminée k (n° 348), on aura l'équation générale des plans qui passent par la droite dont il s'agit, savoir :

$$\frac{y}{b} + \frac{z}{c} - \gamma\left(1 + \frac{x}{a}\right) + k\left(\frac{y}{b} - \frac{z}{c}\right) - \frac{k}{\gamma}\left(1 - \frac{x}{a}\right) = 0.$$

L'élimination de γ et de z entre cette équation et les équations

$$\frac{y}{b} + \frac{z}{c} = \gamma'\left(1 + \frac{x}{a}\right), \quad \frac{y}{b} - \frac{z}{c} = \frac{1}{\gamma'}\left(1 - \frac{x}{a}\right),$$

d'une seconde droite appartenant au système (γ) conduit à

$$(\gamma' - \gamma)\left(1 + \frac{x}{a}\right) + k\left(\frac{1}{\gamma'} - \frac{1}{\gamma}\right)\left(1 - \frac{x}{a}\right) = 0.$$

Pour que la droite soit tout entière dans le plan, il faut que cette dernière équation soit vérifiée, indépendamment de toute hypothèse faite sur x, ce qui exige que l'on ait

$\gamma' = \gamma$ On conclut de là que les deux droites (γ) et (γ') ne peuvent être dans un même plan. On prouverait de la même manière que deux droites du système (δ) ne sont jamais dans un même plan.

Deux droites de systèmes différents sont toujours dans un même plan.

Soient, en effet, les deux droites

$$\frac{y}{b} + \frac{z}{c} = \gamma \left(1 + \frac{x}{a} \right), \quad \frac{y}{b} - \frac{z}{c} = \frac{1}{\gamma} \left(1 - \frac{x}{a} \right),$$

et

$$\frac{y}{b} + \frac{z}{c} = \delta \left(1 - \frac{x}{a} \right), \quad \frac{y}{b} - \frac{z}{c} = \frac{1}{\delta} \left(1 + \frac{x}{a} \right);$$

les plans passant par la droite (γ) ont pour équation générale

$$\frac{y}{b} + \frac{z}{c} - \gamma \left(1 + \frac{x}{a} \right) + k \left(\frac{y}{b} - \frac{z}{c} \right) - \frac{k}{\gamma} \left(1 - \frac{x}{a} \right) = 0.$$

Éliminant y et z entre cette équation et celle de la droite (δ), on obtient

$$\left(\delta - \frac{k}{\gamma} \right) \left(1 - \frac{x}{a} \right) + \left(\frac{k}{\delta} - \gamma \right) \left(1 + \frac{x}{a} \right) = 0.$$

Pour satisfaire à cette équation, quel que soit x, il suffit de prendre $k = \gamma\delta$; donc les deux droites que nous considérons sont dans un même plan.

407. On peut, par chaque point (x', y', z') de l'hyperboloïde, tracer sur la surface une droite du système (γ) et une droite du système (δ). En effet, puisqu'on a

$$\frac{x'^2}{a^2} + \frac{y'^2}{b^2} - \frac{z'^2}{c^2} = 1,$$

il sera possible de trouver une valeur de γ et une valeur de δ, telles que l'on ait en même temps

$$\frac{y'}{b} + \frac{z'}{c} = \gamma \left(1 + \frac{x'}{a} \right),$$

$$\frac{y'}{b} - \frac{z'}{c} = \frac{1}{\gamma} \left(1 - \frac{x'}{a} \right)$$

et

$$\frac{y'}{b} + \frac{z'}{c} = \delta \left(1 - \frac{x'}{a} \right),$$

$$\frac{y'}{b} - \frac{z'}{c} = \frac{1}{\delta} \left(1 + \frac{x'}{a} \right).$$

Les quantités variables γ et δ étant ainsi déterminées, les équations

$$\frac{y}{b} + \frac{z}{c} = \gamma \left(1 + \frac{x}{a} \right),$$

$$\frac{y}{b} - \frac{z}{c} = \frac{1}{\gamma} \left(1 - \frac{x}{a} \right)$$

et

$$\frac{y}{b} + \frac{z}{c} = \delta \left(1 - \frac{x}{a} \right),$$

$$\frac{y}{b} - \frac{z}{c} = \frac{1}{\delta} \left(1 + \frac{x}{a} \right)$$

appartiendront à deux droites situées sur la surface et passant par le point quelconque (x', y', z').

408. On vient de voir que les deux systèmes de droites qu'on peut tracer sur l'hyperboloïde

$$\frac{x^2}{a^2} + \frac{y^2}{b^2} - \frac{z^2}{c^2} = 1,$$

ont pour équations

$$\frac{y}{b} + \frac{z}{c} = \gamma \left(1 + \frac{x}{a} \right),$$

$$\frac{y}{b} - \frac{z}{c} = \frac{1}{\gamma} \left(1 - \frac{x}{a} \right),$$

$$\frac{y}{b} + \frac{z}{c} = \delta \left(1 - \frac{x}{a} \right),$$

$$\frac{y}{b} - \frac{z}{c} = \frac{1}{\delta} \left(1 + \frac{x}{a} \right).$$

En transportant ces droites parallèlement à elles-mêmes au

centre de la surface, leurs équations se réduisent à

$$\frac{y}{b} + \frac{c}{z} = \gamma\,\frac{x}{a},$$

$$\frac{y}{b} - \frac{z}{c} = -\frac{1}{\gamma}\,\frac{x}{a},$$

$$\frac{y}{b} + \frac{z}{c} = -\delta\,\frac{x}{a},$$

$$\frac{y}{b} - \frac{z}{c} = \frac{1}{\delta}\,\frac{x}{a}.$$

L'élimination de γ entre les deux premières ou de δ entre les deux dernières, conduit à

$$\frac{x^2}{a^2} + \frac{y^2}{b^2} - \frac{z^2}{c^2} = 0.$$

On voit par là que :

Toutes les droites situées sur l'hyperboloïde étant transportées au centre parallèlement à elles-mêmes, s'appliquent exactement sur le cône asymptote.

On déduit de cette propriété que :

Trois droites situées sur l'hyperboloïde ne sont jamais parallèles à un même plan.

En effet, s'il en était autrement, il y aurait dans un même plan trois génératrices du cône asymptote.

409. Les sections planes des surfaces du second degré étant des courbes du second degré, il en résulte que si, par une des droites qu'on peut tracer sur l'hyperboloïde, on fait passer un plan, ce plan coupera la surface suivant une seconde droite. Les sections obtenues de cette manière sont appelées *sections rectilignes*.

On donne aussi à ces droites le nom de *génératrices rectilignes*, parce qu'elles peuvent être regardées comme représentant les diverses positions d'une droite mobile qui, dans son mouvement, engendre la surface. Pour le prouver, prenons trois génératrices quelconques A, A′, A″ du système (γ) ; par chaque point de A, menons une droite B du système (δ), laquelle coupera les droites A′ et A″. La condition de rencontrer les droites A, A′, A″ détermine le mouvement de la droite B; cette dernière ligne est dans le même cas que si elle se confondait successivement avec toutes les droites du second système : donc elle engendre la surface.

Réciproquement, *lorsqu'une droite glisse sur trois droites non parallèles à un même plan, elle engendre un hyperboloïde à une nappe.*

Soient A, B, C (*fig.* 197) les trois droites données; par chacune d'elles menons deux plans respectivement parallèles aux deux autres; ces six plans détermineront un parallélipipède dont nous prendrons le centre pour origine des coordonnées, en choisissant pour axes des parallèles respectives OX, OY, OZ aux trois droites données A, B, C.

Cela posé, en désignant par $2a$, $2b$, $2c$ les longueurs des trois arêtes contiguës du parallélipipède, les équations des trois directrices seront

$$\text{(A)} \quad \begin{cases} y = -b, \\ z = c; \end{cases}$$

$$\text{(B)} \quad \begin{cases} x = a, \\ z = -c; \end{cases}$$

$$\text{(C)} \quad \begin{cases} x = -a, \\ y = b. \end{cases}$$

La génératrice sera représentée par

$$\text{(G)} \quad \begin{cases} x = mz + p, \\ y = nz + q. \end{cases}$$

Puisque cette ligne doit rencontrer A, B, C, on a les équations de condition

$$\text{(1)} \quad -b = nc + q,$$

$$\text{(2)} \quad a = mc + p,$$

$$\text{(3)} \quad \frac{-a - p}{m} = \frac{b - q}{n}.$$

Il est visible qu'en éliminant m, n, p, q entre ces trois équations et celles de la génératrice, la relation entre x, y, z, à laquelle on parviendra, sera l'équation de la surface engendrée par le mouvement de cette ligne le long des trois droites fixes.

L'élimination de p et de q donne d'abord

$$y + b = n(z - c),$$
$$x - a = m(z + c),$$
$$n(x + a) = m(y - b);$$

enfin, si l'on élimine m et n entre ces trois dernières équations, on obtient

$$(x + a)(y + b)(z + c) - (x - a)(y - b)(z - c) = 0,$$

ou, en effectuant les calculs,

$$a\,yz + b\,xz + c\,xy + a\,bc = 0.$$

La surface représentée par cette équation est du second degré; elle a pour centre l'origine des coordonnées : c'est un hyperboloïde à une nappe, puisque l'ellipsoïde et l'hyperboloïde à deux nappes ne peuvent évidemment admettre de génératrices rectilignes.

410. Nous devons faire remarquer que l'hyperboloïde de révolution à une nappe peut être engendré en faisant tourner autour de l'axe de révolution une quelconque des droites contenues dans la surface. Dans ce cas, l'ellipse de gorge se réduit à un cercle, et le cône asymptote est un cône droit.

Réciproquement : *Lorsqu'une droite tourne autour d'un axe fixe non situé avec elle dans un même plan, cette droite mobile engendre un hyperboloïde de révolution à une nappe.*

Nous prendrons pour axe des z l'axe de la surface; pour axes des x et des y deux droites perpendiculaires entre elles, situées dans le plan décrit par la plus courte distance de la génératrice à l'axe. Supposons que MG soit la génératrice dans une position quelconque, et M le point où cette génératrice rencontre le plan XY. Représentons par δ la plus courte distance OM de la génératrice à l'axe; par ω l'angle variable MOX, et par α, β, γ les angles formés par la génératrice avec les axes; le troisième est constant, les deux autres sont variables.

Il est visible que les coordonnées du point M sont

$$x = \delta \cos \omega, \quad y = \delta \sin \omega, \quad z = 0.$$

Les équations d'une droite passant par ce point sont de la forme

$$x - \delta \cos \omega = az, \quad y - \delta \sin \omega = bz.$$

Or les formules du n° 334 donnant

$$u = \frac{\cos \alpha}{\cos \gamma}, \quad b = \frac{\cos \beta}{\cos \gamma},$$

il en résulte que les équations de la droite MG peuvent s'écrire de la manière suivante :

$$\frac{x - \delta \cos \omega}{\cos \alpha} = \frac{y - \delta \sin \omega}{\cos \beta} = \frac{z}{\cos \gamma}.$$

Cela posé, on a

$$\cos^2 \alpha + \cos^2 \beta + \cos^2 \gamma = 1 ;$$

de plus, les deux droites MG, OM étant perpendiculaires, et la seconde faisant avec les axes des angles dont les cosinus sont $\cos \omega$, $\sin \omega$ et 0, on doit avoir

$$\cos \alpha \cos \omega + \cos \beta \sin \omega = 0,$$

d'où

$$\frac{\cos \alpha}{\sin \omega} = -\frac{\cos \beta}{\cos \omega} = \frac{\sqrt{\cos^2 \alpha + \cos^2 \beta}}{1} = \sqrt{1 - \cos^2 \gamma} = \pm \sin \gamma,$$

et

$$\cos \alpha = \pm \sin \gamma \sin \omega, \quad \cos \beta = \mp \sin \gamma \cos \omega.$$

D. G.   36*

Les équations de la génératrice sont alors

$$x = \pm \tang \gamma \sin \omega . z + \delta \cos \omega,$$
$$y = \mp \tang \gamma \cos \omega . z + \delta \sin \omega.$$

Pour éliminer le paramètre variable ω, on élève ces équations au carré, et on les ajoute ; il vient dans ce cas

$$x^2 + y^2 - \tang^2 \gamma . z^2 = \delta^2.$$

Cette équation est celle d'un hyperboloïde de révolution à une nappe, dont les axes réels sont égaux à 2δ, et dont l'axe imaginaire est $\dfrac{2\delta}{\tang \gamma}$.

SECTIONS RECTILIGNES DU PARABOLOÏDE HYPERBOLIQUE. — ON PEUT, SUR LA SURFACE DU PARABOLOÏDE HYPERBOLIQUE, TRACER DEUX DROITES PAR CHACUN DE SES POINTS ; D'OU RÉSULTE LA GÉNÉRATION DU PARABOLOÏDE PAR DEUX SYSTÈMES DE DROITES. — DEUX DROITES D'UN MÊME SYSTÈME NE SE RENCONTRENT PAS ; MAIS DEUX DROITES DE SYSTÈMES DIFFÉRENTS SE RENCONTRENT TOUJOURS. — TOUTES LES DROITES D'UN MÊME SYSTÈME SONT PARALLÈLES A UN MÊME PLAN. — LE PARABOLOÏDE HYPERBOLIQUE PEUT ÊTRE ENGENDRÉ PAR LE MOUVEMENT D'UNE DROITE QUI GLISSE SUR TROIS DROITES FIXES, PARALLÈLES A UN MÊME PLAN ; OU BIEN PAR UNE DROITE QUI GLISSE SUR DEUX DROITES FIXES, EN RESTANT TOUJOURS PARALLÈLE A UN PLAN DONNÉ. — RÉCIPROQUEMENT, TOUTE SURFACE RÉSULTANT DE L'UN DE CES DEUX MODES DE GÉNÉRATION EST UN PARABOLOÏDE HYPERBOLIQUE.

411. L'équation

$$(1) \qquad \frac{y^2}{p} - \frac{z^2}{p'} = 2x$$

du paraboloïde hyperbolique peut s'écrire sous la forme

$$\left(\frac{y}{\sqrt{p}} + \frac{z}{\sqrt{p'}} \right) \left(\frac{y}{\sqrt{p}} - \frac{z}{\sqrt{p'}} \right) = 2x ;$$

on reconnaît facilement qu'elle peut être obtenue en éliminant γ entre les deux équations

$$(2) \qquad \frac{y}{\sqrt{p}} + \frac{z}{\sqrt{p'}} = 2\gamma x, \qquad \frac{y}{\sqrt{p}} - \frac{z}{\sqrt{p'}} = \frac{1}{\gamma},$$

ou bien en éliminant δ entre les deux équations

$$(3) \qquad \frac{y}{\sqrt{p}} + \frac{z}{\sqrt{p'}} = \delta, \qquad \frac{y}{\sqrt{p}} - \frac{z}{\sqrt{p'}} = \frac{2x}{\delta}.$$

Les quantités γ et δ étant regardées comme deux paramètres variables, les équations (2) et (3) appartiennent à deux systèmes de droites toutes situées sur le paraboloïde.

412. *Deux droites d'un même système ne sont pas dans un même plan.* — Prenons les équations

$$\frac{y}{\sqrt{p}} + \frac{z}{\sqrt{p'}} = 2\gamma x, \qquad \frac{y}{\sqrt{p}} - \frac{z}{\sqrt{p'}} = \frac{1}{\gamma},$$

qui sont celles d'une droite du système (2). On sait (n° **348**) que l'équation générale des plans qui passent par cette droite est

$$\left(\frac{y}{\sqrt{p}} + \frac{z}{\sqrt{p'}} - 2\gamma x \right) + k \left(\frac{y}{\sqrt{p}} - \frac{z}{\sqrt{p'}} - \frac{1}{\gamma} \right) = 0.$$

L'élimination de y et de z entre cette équation et les équations

$$\frac{y}{\sqrt{p}} + \frac{z}{\sqrt{p'}} = 2\gamma' x, \qquad \frac{y}{\sqrt{p}} - \frac{z}{\sqrt{p'}} = \frac{1}{\gamma'},$$

d'une seconde droite appartenant au système (2), conduit à

$$2x \left(\gamma' - \gamma \right) + k \left(\frac{1}{\gamma'} - \frac{1}{\gamma} \right) = 0.$$

Il faut, pour que la droite soit tout entière dans le plan, que cette dernière équation ait lieu, indépendamment de toute valeur donnée à x; ce qui entraîne l'égalité $\gamma' = \gamma$. Donc deux droites du système (2) ne peuvent pas être dans un même plan.

On prouverait semblablement que deux droites du système (3) ne sont jamais dans un même plan, et qu'alors elles ne peuvent jamais se couper.

Deux droites de systèmes différents sont toujours dans un même plan. — Soient les deux droites

$$\frac{y}{\sqrt{p}} + \frac{z}{\sqrt{p'}} = 2\gamma x, \qquad \frac{y}{\sqrt{p}} - \frac{z}{\sqrt{p'}} = \frac{1}{\gamma},$$

$$\frac{y}{\sqrt{p}} + \frac{z}{\sqrt{p'}} = \delta, \qquad \frac{y}{\sqrt{p}} - \frac{z}{\sqrt{p'}} = \frac{2x}{\delta}.$$

Les plans qui passent par la droite (2) sont représentés par l'équation

$$\left(\frac{y}{\sqrt{p}} + \frac{z}{\sqrt{p'}} - 2\gamma x \right) + k \left(\frac{y}{\sqrt{p}} - \frac{z}{\sqrt{p'}} - \frac{1}{\gamma} \right) = 0.$$

L'élimination de y et de z entre cette équation et celles de la droite (3) donne

$$2x \left(\frac{k}{\delta} - \gamma \right) + \left(\delta - \frac{k}{\gamma} \right) = 0.$$

Cette équation est vérifiée, quel que soit x, en prenant $k = \gamma\delta$; par conséquent, les droites dont il s'agit sont dans un même plan.

413. *Par chaque point du paraboloïde, on peut tracer une droite du système* (2) *et une droite du système* (3).— En effet, si l'on désigne par x', y', z' les coordonnées d'un point quelconque de la surface, on obtiendra

$$\frac{y'^2}{p} - \frac{z'^2}{p'} = 2x';$$

on pourra donc déterminer une valeur de γ et une valeur de δ, telles que l'on ait

$$\frac{y'}{\sqrt{p}} + \frac{z'}{\sqrt{p'}} = 2\gamma x', \qquad \frac{y'}{\sqrt{p}} - \frac{z'}{\sqrt{p'}} = \frac{1}{\gamma},$$

$$\frac{y'}{\sqrt{p}} + \frac{z'}{\sqrt{p'}} = \delta, \qquad \frac{y'}{\sqrt{p}} - \frac{z'}{\sqrt{p'}} = \frac{2x'}{\delta}.$$

Les paramètres γ et δ pouvant être ainsi calculés, les équations

$$\frac{y}{\sqrt{p}} + \frac{z}{\sqrt{p'}} = 2\gamma x, \qquad \frac{y}{\sqrt{p}} - \frac{z}{\sqrt{p'}} = \frac{1}{\gamma},$$

$$\frac{y}{\sqrt{p}} + \frac{z}{\sqrt{p'}} = \delta, \qquad \frac{y}{\sqrt{p}} - \frac{z}{\sqrt{p'}} = \frac{2x}{\delta},$$

seront celles de deux droites tracées sur la surface, et passant par le point quelconque (x', y', z').

414. D'après ce qui précède, les droites que l'on peut tracer sur le paraboloïde

$$\frac{y^2}{p} - \frac{z^2}{p'} = 2x$$

forment deux systèmes. Or, si l'on examine les secondes équations du premier, on reconnaît immédiatement que les plans projetant sur le plan des yz sont tous parallèles entre eux; par suite, que les droites dans l'espace se trouvent toutes parallèles à l'un de ces plans : donc elles sont parallèles au plan

$$\frac{y}{\sqrt{p}} - \frac{z}{\sqrt{p'}} = 0.$$

On démontrerait de la même manière que les droites du second système sont toutes parallèles au plan

$$\frac{y}{\sqrt{p}} + \frac{z}{\sqrt{p'}} = 0.$$

Maintenant, supposons que A, A′, A″ soient trois droites appartenant au même système ; elles seront rencontrées par toutes celles de l'autre système. Or, le mouvement d'une droite étant complétement déterminé par la condition de s'appuyer sur trois droites fixes, il en résulte que le paraboloïde hyperbolique peut être engendré par une droite qui glisse sur trois droites fixes parallèles à un même plan.

Ainsi envisagée, cette surface devient un cas particulier de l'hyperboloïde à une nappe.

Quand on considère seulement deux droites A et A' appartenant au même système, les droites du second système qui les rencontrent toutes deux sont, en outre, parallèles à un plan fixe. Or le mouvement d'une droite est complétement réglé par la double condition pour cette droite de couper deux droites fixes et de rester parallèle à un plan fixe ; car si l'on coupe les deux lignes par une suite de plans parallèles au précédent, et si l'on joint par des droites les points de section de chaque plan, on obtiendra autant de positions de la génératrice. On conclut de ce qui précède que le paraboloïde hyperbolique peut être engendré par une droite qui glisse sur deux droites fixes, et qui reste parallèle à un plan fixe.

On donne au plan fixe le nom de *plan directeur ;* les droites fixes sont appelées *directrices*, et les droites mobiles *génératrices.* De là vient qu'on emploie l'expression *génératrices rectilignes*, pour désigner les droites qui peuvent être tracées sur la surface du paraboloïde hyperbolique. On les nomme encore *sections rectilignes*, par la raison que deux droites appartenant à deux systèmes différents représentent la section du paraboloïde par un plan.

415. Démontrons les réciproques des propositions qui viennent d'être établies.

Lorsqu'une droite glisse sur trois droites fixes parallèles à un même plan, elle engendre un paraboloïde hyperbolique.

Prenons le plan XY (*fig.* 198) parallèle aux trois directrices A, A', A″, et la première de ces droites pour l'axe OX ; dirigeons l'axe OY parallèlement à A', et enfin par le point arbitraire O, où se coupent ces axes, traçons-en un troisième OZ qui rencontre à la fois les trois directrices : dans ce cas, ces lignes auront pour équations

$$\text{A ou OX} \begin{cases} y = 0, \\ z = 0, \end{cases} \qquad \text{A}' \begin{cases} x = 0, \\ z = h, \end{cases} \qquad \text{A}'' \begin{cases} y = ax, \\ z = k. \end{cases}$$

La génératrice sera représentée par

$$x = mz + p, \quad y = nz + q ;$$

mais pour qu'elle rencontre les trois directrices, il faut avoir les conditions

$$q = 0, \quad mh + p = 0, \quad a(mk + p) = nk + q.$$

On voit aisément qu'on obtiendra l'équation de la surface cherchée, en éliminant m, n, p, q entre ces équations et celles de la génératrice. Le calcul donne

$$kyz + a(h - k)xz - hky = 0.$$

Dans cette équation du second degré, le polynôme D (n° 371) qui sert de dénominateur aux coordonnées du centre, se trouve évidemment nul ; alors la surface ne peut être qu'un des deux paraboloïdes ou bien un cylindre. Or, le cylindre ayant ses génératrices parallèles, et aucune droite ne pouvant être tracée sur un paraboloïde elliptique, il en résulte que la surface engendrée est un paraboloïde hyperbolique.

416. *Lorsqu'une droite glisse sur deux droites fixes et reste parallèle à un plan fixe, elle engendre un paraboloïde hyperbolique.*

Soient A et A' (*fig.* 199) les deux directrices, et YOX le plan directeur. Désignons par O et D les points de rencontre de ce plan avec les lignes A et A' ; menons par ces points la droite OY ; conduisons par OZ ou A un plan parallèle à A', lequel coupe le plan YOX suivant la droite OX ; enfin, prenons OX, OY, OZ pour axes des coordonnées.

La directrice A' rencontrant l'axe OY et étant parallèle au plan XOZ, ses équations seront

$$y = h, \quad z = ax.$$

Comme la génératrice rencontre toujours l'axe des z, et qu'elle reste parallèle au plan XY, elle sera représentée par des équations de la forme

$$x = my, \quad z = k.$$

Cette ligne rencontrant aussi la droite A$'$, on a la condition

$$k = amh.$$

L'élimination de m et de k entre cette équation et celles de la directrice donne

$$yz = ahx.$$

Cette équation est celle d'une surface du second degré dépourvue de centre; elle représente un paraboloïde hyperbolique, puisque l'autre paraboloïde n'a pas de génératrice rectiligne.

CHAPITRE SEPTIÈME.

DE LA DISCUSSION D'UNE ÉQUATION NUMÉRIQUE DU SECOND DEGRÉ A TROIS VARIABLES.

417. Étant donnée une équation

$$f(x, y, z) = 0$$

du second degré à trois variables et à coefficients numériques, reconnaître de quelle nature est la surface que cette équation représente : telle est la question que nous allons traiter.

Il faut d'abord chercher si la surface a un centre unique, ou si elle en admet une infinité, ou bien, enfin, si elle est dépourvue de centre. A cet effet, on égale à zéro les trois dérivées du premier membre $f(x, y, z)$ de l'équation proposée ; il en résulte trois équations

$$f'_{(x)} = 0, \quad f'_{(y)} = 0, \quad f'_{(z)} = 0$$

du premier degré à coefficients numériques, dont la résolution fera savoir lequel des trois cas a lieu.

§ I. — Surfaces qui ont un centre unique.

418. Supposons que la surface ait un centre unique, et commençons par l'examen du cas particulier où l'équation que l'on donne ne renferme le carré d'aucune des trois coordonnées x, y, z ; elle est alors de la forme

$$(1) \quad \begin{cases} 2\,B\,yz + 2\,B'\,xz + 2\,B''\,xy \\ + 2\,C\,x + 2\,C'\,y + 2\,C''\,z + E = 0, \end{cases}$$

et représente évidemment une surface illimitée, puisqu'on peut donner à deux des trois coordonnées des valeurs aussi grandes que l'on voudra, sans que la valeur de la troisième variable cesse d'être réelle. Et comme cette surface a un centre, elle ne peut être que l'un des deux hyperboloïdes ou un cône.

En transportant les axes parallèlement à eux-mêmes au centre, l'équation proposée deviendra

$$(2) \qquad 2\,\mathrm{B}\,yz + 2\,\mathrm{B}'\,xz + 2\,\mathrm{B}''\,xy + \mathrm{E}' = 0.$$

Si E' est nul, la surface est un cône (n° **402**).

Si E' est différent de zéro, la surface sera un hyperboloïde à une ou à deux nappes, dont le cône asymptote, représenté par

$$2\,\mathrm{B}\,yz + 2\,\mathrm{B}'\,xz + 2\,\mathrm{B}''\,xy = 0 \qquad (\text{n° } \mathbf{402}),$$

a pour génératrices rectilignes les axes des coordonnées.

419. Pour décider quel est celui des deux hyperboloïdes que l'équation (2) représente quand E' n'est pas nul, on observera que les génératrices rectilignes de l'hyperboloïde à une nappe étant parallèles à celles du cône asymptote (n° **408**), il faudra, pour que la surface considérée soit un hyperboloïde à une nappe, que l'on puisse placer sur cette surface une droite parallèle à l'un des trois axes de coordonnées, par exemple à celui des z. Cette condition est d'ailleurs suffisante, puisque l'autre hyperboloïde n'a pas de génératrice rectiligne.

Or, une parallèle à l'axe des z ayant pour équations

$$x = \alpha, \quad y = \delta,$$

il faudra, pour que cette droite appartienne à la surface

$$2\,\mathrm{B}\,yz + 2\,\mathrm{B}'\,xz + 2\,\mathrm{B}''\,xy + \mathrm{E}' = 0,$$

que cette dernière équation soit vérifiée par

$$x = \alpha, \quad y = \delta,$$

quelle que soit la valeur attribuée à z, ce qui donne

$$(3) \qquad\qquad 2\,B\,\varepsilon + 2\,B'\,\alpha = 0,$$

$$(4) \qquad\qquad 2\,B''\,\alpha\varepsilon + E' = 0;$$

d'où

$$\alpha = \pm \sqrt{\frac{B}{2\,B'\,B''} \times E'} = \pm\,B\,\sqrt{\frac{E'}{2\,BB'\,B''}}\,.$$

On voit que α sera réel ou imaginaire, suivant que $BB'B''$ et E' auront le même signe ou des signes contraires. Il sera donc nécessaire, pour que α soit réel, que le nombre des coefficients B, B', B'', de même signe que E', soit impair. Dans ce cas, l'équation proposée représentera un hyperboloïde à une nappe. Si le nombre des coefficients B, B', B'', de même signe que E', est pair, α sera imaginaire, et l'équation appartiendra à un hyperboloïde à deux nappes.

Aucun des trois coefficients B, B', B'', ne peut être nul, quand l'équation (2) représente une surface qui a un centre unique. Car, si l'on avait, par exemple, $B'' = 0$, l'équation (2) se réduirait à

$$2\,B\,yz + 2\,B'\,xz + E' = 0,$$

et la surface aurait une infinité de centres situés sur la droite

$$B\,y + B'\,x = 0, \quad z = 0;$$

elle serait un cylindre hyperbolique.

Remarquons, en terminant cette discussion, que l'on peut, sans transporter les axes au centre de la surface, reconnaître si l'équation (1) appartient à un hyperboloïde à une nappe ou à un hyperboloïde à deux nappes. En effet, il résulte de ce qui précède que, dans le premier cas, la surface doit avoir une génératrice rectiligne parallèle à l'axe des z; ce qui exige que l'équation (1) soit vérifiée, indépendamment de toute valeur attribuée à z, lorsqu'on y remplacera y et x par ε et α. On aura donc

$$(5) \qquad \left\{ \begin{array}{l} B\,\varepsilon + B'\,\alpha + C'' = 0, \\[4pt] 2\,B''\,\alpha\varepsilon + 2\,C\,\alpha + 2\,C'\,\varepsilon + E = 0. \end{array} \right.$$

Lorsque les équations (5) admettront une solution réelle et finie, la surface sera du genre des hyperboloïdes à une nappe; elle pourra, d'ailleurs, se réduire à un cône.

Si les équations (5) n'admettent aucune solution réelle et finie, la surface considérée est un hyperboloïde à deux nappes.

Dans le premier cas, il restera à examiner si la surface est ou non un cône. Pour le savoir, on remplacera x, y, z par les coordonnées du centre dans l'équation (1); le premier membre prendra une valeur que nous avons déjà désignée par E', et suivant que E' sera nul ou différent de zéro, la surface sera un cône ou un hyperboloïde à une nappe.

420. Actuellement, supposons que l'équation proposée renferme les carrés des coordonnées, ou du moins le carré de l'une d'elles, de z par exemple.

En transportant les axes des coordonnées parallèlement à eux-mêmes au centre de la surface, l'équation prendra la forme

$$(1) \quad \begin{cases} A\,x^2 + A'\,y^2 + A''\,z^2 + 2\,B\,yz + 2\,B'\,xz \\ \qquad\qquad + 2\,B''\,xy + E' = 0, \end{cases}$$

et le coefficient A'' de z^2 ne sera pas nul.

En résolvant l'équation (1) par rapport à z, il vient

$$(2) \quad \begin{cases} z = -\dfrac{B y + B' x}{A''} \\ \pm \dfrac{1}{A''}\sqrt{(B^2 - A'A'')y^2 + (B'^2 - AA'')x^2 + 2(BB' - A''B'')xy - A''E'}. \end{cases}$$

Lorsque des valeurs $6, \alpha$, attribuées à y, x, rendront positive la quantité soumise au radical, l'équation (2) déterminera pour z deux valeurs réelles correspondantes, et on aura ainsi deux points de la surface situés sur une corde parallèle à l'axe des z, qui sera divisée en deux parties égales par le plan dont l'équation est

$$z = - \frac{B y + B' x}{A''}.$$

Le point du plan des xy, qui a pour coordonnées 6, α, sera donc la projection de deux points de la surface situés sur la droite projetante $y = 6$, $x = \alpha$.

Si les valeurs 6, α, données à y, x, annulent la quantité placée sous le radical, l'équation (2) déterminera pour z une seule valeur correspondante, $- \dfrac{B 6 + B' \alpha}{A''}$. Les deux points d'intersection de la surface et de la ligne projetante $y = 6$, $x = \alpha$, se réduisent alors à un seul point situé sur le plan diamétral

$$z = - \frac{B y + B' x}{A''},$$

et la droite $y = 6$, $x = \alpha$ devient tangente à la surface au point dont les coordonnées sont

$$y = 6, \quad x = \alpha, \quad z = - \frac{B 6 + B' \alpha}{A''}.$$

D'après cela, on voit que l'équation

$$(3) \qquad \begin{cases} (B^2 - A' A'') y^2 + (B'^2 - AA'') x^2 \\ + 2(BB' - A'' B'') xy - A'' E' = 0, \end{cases}$$

obtenue en égalant le radical à zéro, représente un cylindre tangent à la surface considérée suivant une ligne située dans le plan diamétral

$$z = - \frac{B y + B' x}{A''},$$

et dont la projection sur le plan des xy est déterminée par la même équation (3). Il est clair que cette conclusion suppose que l'équation dont il s'agit représente une courbe réelle.

On sait, d'ailleurs, qu'une courbe du second degré est de

même espèce que sa projection (n° **399**) ; donc l'intersection du plan diamétral

$$z = -\frac{B y + B' x}{A''}$$

et de la surface considérée sera une ellipse ou une hyperbole, suivant que l'équation (3) appartiendra à l'une ou à l'autre de ces deux courbes.

Lorsque les valeurs β, α de y, x, rendent négative la quantité placée sous le radical, z est imaginaire, et la droite $y = \beta$, $x = \alpha$ ne rencontre plus la surface ; alors le point du plan des xy, qui a β, α pour coordonnées, n'est la projection d'aucun point de la surface, en prenant pour lignes projetantes des parallèles à l'axe des z.

421. La courbe déterminée par l'équation (3) sépare la partie du plan des xy, sur laquelle se projette la surface considérée de celle qui ne reçoit la projection d'aucun point de cette surface. C'est ce qui résulte de la proposition suivante :

Soit $f(x, y) = o$ l'équation d'une courbe du second degré ; si l'on remplace successivement les variables x, y par les coordonnées α, β ; α', β', de deux points, l'un intérieur, l'autre extérieur à la courbe, le premier membre $f(x, y)$ de l'équation prendra des valeurs $f(\alpha, \beta)$, $f(\alpha', \beta')$, de signes contraires ; et, lorsque les deux points seront l'un et l'autre intérieurs ou extérieurs, les valeurs de $f(\alpha, \beta)$, $f(\alpha', \beta')$ auront le même signe.

En effet, désignons par

$$y = ax + b$$

l'équation de la droite qui unit les deux points donnés ; les abscisses des points communs à cette droite et à la courbe seront déterminées par l'équation

$$f(x, ax + b) = o.$$

Lorsque les deux points sont, l'un intérieur, l'autre extérieur à la courbe, l'équation $f(x, ax + b) = 0$ a nécessairement une racine comprise entre α et α'; donc, $f(\alpha, a\alpha + b)$, $f(\alpha', a\alpha' + b)$ ont des signes contraires. Si les points sont tous deux intérieurs ou extérieurs, l'équation $f(x, ax + b) = 0$ n'a aucune racine comprise entre α et α', ou elle en a deux : par conséquent, $f(\alpha, a\alpha + b)$, $f(\alpha', a\alpha' + b)$ ont le même signe. Mais

$$f(\alpha, a\alpha + b) = f(\alpha, \mathfrak{b}) \quad \text{et} \quad f(\alpha', a\alpha' + b) = f(\alpha', \mathfrak{b}');$$

la proposition est donc démontrée.

De cette proposition nous concluons que si les coordonnées d'un point intérieur à la courbe représentée par l'équation (3) rendent positive la quantité placée sous le radical de l'équation (2) (n° 420), il en sera de même pour tous les autres points intérieurs, et alors les coordonnées de tout point extérieur feront prendre le signe *moins* à cette quantité, ou inversement. Par conséquent, la courbe dont il s'agit, sépare la partie du plan des xy, qui est recouverte par la projection de la surface, de celle qui ne reçoit la projection d'aucun de ses points.

422. Au moyen des considérations qui précèdent, il sera facile de reconnaître de quelle nature est la surface que l'équation (2) détermine.

Plusieurs cas sont à distinguer : l'équation (3) peut représenter une ellipse, une hyperbole, deux droites qui se coupent à l'origine des coordonnées, un point coïncidant avec l'origine, une ligne imaginaire. Nous allons successivement examiner ces différentes hypothèses.

1°. Lorsque l'équation (3) est celle d'une ellipse, la surface étant coupée suivant une ellipse par un plan

$$z = -\frac{By + B'x}{A''}$$

qui passe par son centre (page 568) ne peut être ni un hyperboloïde à deux nappes, ni un cône;

elle sera donc un ellipsoïde, ou un hyperboloïde à une nappe. Pour reconnaître lequel de ces deux cas a lieu, il suffit de savoir si la surface que l'on considère est ou non limitée.

A cet effet, on remplacera x et y, sous le radical de l'équation (2), par les coordonnées du centre de l'ellipse (3). Si les valeurs de z sont réelles, on en peut conclure que la surface est limitée; car, pour les coordonnées de tout point extérieur à l'ellipse, le radical deviendra imaginaire; par conséquent, les valeurs de x, y, et par suite, celles de z, sont limitées.

Le contraire aura lieu lorsque les valeurs de z correspondantes aux coordonnées du centre seront imaginaires.

Le centre de l'ellipse coïncidant avec l'origine, ses coordonnées sont nulles; le radical se réduit donc à $\sqrt{-A''E'}$ par la substitution dont il s'agit : par conséquent, la surface sera un ellipsoïde, ou un hyperboloïde à une nappe, suivant que le coefficient A'' de z^2, et le terme E' indépendant des variables, auront des signes contraires ou le même signe.

2°. Supposons que l'équation (3) représente une hyperbole. Le plan $z = -\dfrac{By + B'x}{A''}$, mené par le centre de la surface, la coupera suivant une hyperbole; donc, la surface ne peut être que l'un des hyperboloïdes. Pour distinguer entre les deux hyperboloïdes celui que l'équation (2) représente, on remplacera dans cette équation, les variables x, y, par les coordonnées du centre de l'hyperbole (3).

Si les valeurs correspondantes de z sont réelles, il en faut conclure que la surface couvre de sa projection toute la partie du plan des xy, comprise entre les deux branches de l'hyperbole, du côté du centre de cette courbe : la forme même de cette projection montre que la surface projetée n'a qu'une seule nappe continue; elle est donc un hyperboloïde à une nappe.

Si les valeurs de z sont imaginaires, la surface se projette entièrement dans l'intérieur de l'hyperbole, du côté opposé au centre : la portion du plan des xy, recouverte de la projection, se subdivise alors en deux parties séparées l'une de l'autre par l'intervalle des deux branches de la courbe ; ce qui montre que la surface projetée se compose elle-même de deux parties séparées dans l'espace ; elle est, par conséquent, un hyperboloïde à deux nappes.

Les coordonnées du centre de l'hyperbole étant nulles, les valeurs de z, correspondantes à ces coordonnées, sont

$$z = \pm \sqrt{-\,A'' E'}.$$

Ainsi, la surface considérée sera un hyperboloïde à une ou à deux nappes, suivant que les coefficients A'', E' auront des signes contraires ou le même signe.

3°. L'équation (3) représente deux droites qui se rencontrent à l'origine. Alors, la surface est nécessairement un cône, puisque le plan $z = -\dfrac{B\,y + B'\,x}{A''}$ la coupe suivant deux droites qui passent par son centre.

4°. Si l'équation (3) est vérifiée par les coordonnées de l'origine, et seulement par ces coordonnées, la quantité placée sous le radical de l'équation (2) conservera le même signe pour toutes les valeurs de x et de y ; elle sera composée de deux carrés, précédés chacun du signe *plus* ou du signe *moins* : il suffira de donner à x et y des valeurs quelconques, pour distinguer ces deux cas l'un de l'autre. Dans le premier, la valeur de z, constamment réelle, se réduit à zéro avec x et y. On a donc une surface illimitée sur laquelle se trouve le centre même de la surface ; c'est dire que la surface est un cône.

Dans le second, l'équation (2) n'admettant que la seule solution $x = o$, $y = o$, $z = o$, représente l'origine des coordonnées.

37.

5°. Enfin, quand l'équation (3) n'a aucune solution réelle, la quantité soumise au radical ne peut changer de signe : si elle est négative, l'équation (2) ne représente rien ; si, au contraire, cette quantité est positive, l'équation (2) appartiendra à un hyperboloïde à deux nappes, puisque la surface qu'elle détermine n'a aucun point commun avec un plan $y = - \dfrac{\mathrm{B}y + \mathrm{B}'x}{\mathrm{A}''}$ mené par son centre.

423. *Remarque.* — Si l'on transporte les axes des coordonnées parallèlement à eux-mêmes en un point quelconque de l'espace, le plan des xy restera parallèle à sa première position, les lignes projetantes des différents points de la surface ne changeront pas, de sorte que les projections sur les plans des xy seront les mêmes. Le centre de la surface et celui de la courbe obtenue en projection, sur le plan des xy, appartiendront à une droite parallèle à l'axe des z ; ces deux points auront donc les deux coordonnées x, y, communes. Par conséquent, la discussion précédente sera encore applicable, avec cette seule modification, qu'au lieu de remplacer x, y par zéro, sous le radical de la valeur de z, on substituera à x, y, les valeurs α, β, obtenues pour les coordonnées x, y du centre de la surface.

Ainsi, pour discuter l'équation proposée, il n'est pas indispensable de transporter l'origine au centre de la surface ; on pourra résoudre cette équation par rapport à z (en supposant que le carré de z entre dans l'équation) ; il en résultera une expression de la forme

$$(1) \qquad z = mx + ny + p \pm \sqrt{ay^2 + bxy + cx^2 + dy + ex + f} ;$$

puis, on égalera à zéro la quantité soumise au radical, ce qui donnera l'équation

$$(2) \qquad ay^2 + bxy + cx^2 + dy + ex + f = 0.$$

Lorsque cette dernière équation représentera une ellipse,

la surface sera un ellipsoïde ou un hyperboloïde, à une nappe, suivant que la valeur de z correspondante à $x = \alpha$, $y = 6$, sera réelle ou imaginaire.

Si l'équation (2) appartient à une hyperbole, la surface sera un hyperboloïde à une ou à deux nappes, suivant que $x = \alpha$, $y = 6$ rendront z réelle ou imaginaire.

Il se peut que l'équation (2) représente deux droites concourantes au point $x = \alpha$, $y = 6$; dans ce cas, l'équation proposée appartiendra à un cône.

Si l'équation (2) n'admet que la seule solution réelle $x = \alpha$, $y = 6$, l'équation (1) représentera un cône, ou le point $x = \alpha$, $y = 6$, $z = m\alpha + n6 + p$, suivant que, en remplaçant x, y par des valeurs α', $6'$, autres que α, 6, la valeur correspondante de z sera réelle ou imaginaire.

Quand l'équation (2) n'admet aucune solution réelle, l'équation (1) représente un hyperboloïde à deux nappes ou une surface imaginaire, suivant que la valeur de z est réelle ou imaginaire pour des valeurs quelconques attribuées aux deux autres coordonnées.

Au reste, il sera généralement plus simple de rapporter la surface à son centre, en faisant disparaître les termes du premier degré.

§ II. — SURFACES QUI ONT UNE INFINITÉ DE CENTRES.

424. Nous supposons que les trois équations obtenues en égalant à zéro les dérivées $f'_{(x)}$, $f'_{(y)}$, $f'_{(z)}$ du premier membre $f(x, y, z)$ de l'équation proposée, admettent un nombre infini de solutions communes; alors les trois plans diamétraux $f'_{(x)} = 0$, $f'_{(y)} = 0$, $f'_{(z)} = 0$ coïncident, ou deux d'entre eux se coupent suivant une droite qui appartient au troisième. La résolution des équations numériques du premier degré $f'_{(x)} = 0$, $f'_{(y)} = 0$, $f'_{(z)} = 0$ fera distinguer facilement ces deux cas l'un de l'autre.

425. Dans le premier, l'équation proposée

$$f(x, y, z) = 0$$

représente généralement deux plans parallèles (page 519) ; il se peut, toutefois, que ces deux plans coïncident ou deviennent imaginaires (*). Pour être fixé à cet égard, il suffira de couper la surface considérée par un plan non parallèle à celui que représente $f'_{(x)} = 0$. Si l'intersection est formée d'une seule droite, la surface est un plan unique ;

(*) L'équation générale du second degré

$$A x^2 + A'y^2 + A''z^2 + 2Byz + 2B'xz + 2B''xy$$
$$+ 2Cx + 2C'y + 2C''z + E = 0$$

peut s'écrire ainsi :

$$(1) \qquad x \cdot f'_{(x)} + y \cdot f'_{(y)} + z \cdot f'_{(z)} + 2Cx + 2C'y + 2C''z + 2E = 0,$$

en désignant par $f'_{(x)}$, $f'_{(y)}$, $f'_{(z)}$ les dérivées du premier membre.

Or, quand les trois plans

$$f'_{(x)} = 0, \quad f'_{(y)} = 0, \quad f'_{(z)} = 0$$

coïncident, on a les identités

$$f'_{(y)} = \frac{C'}{C} f'_{(x)}, \quad f'_{(z)} = \frac{C''}{C} f'_{(x)},$$

et l'équation (1) devient

$$x \cdot f'_{(x)} + \frac{C'y}{C} f'_{(x)} + \frac{C''z}{C} f'_{(x)} + 2Cx + 2C'y + 2C''z + 2E = 0,$$

ou

$$(2) \qquad (Cx + C'y + C''z)\left[f'_{(x)} + 2C \right] + 2CE = 0.$$

Les mêmes identités donnent

$$B'' = \frac{AC'}{C}, \qquad B' = \frac{AC''}{C} ;$$

par suite,

$$f'_{(x)} = \frac{2A}{C}(Cx + C'y + C''z) + 2C,$$

si cette intersection est une ligne imaginaire, l'équation

$$f(x, y, z) = 0$$

n'admet aucune solution réelle, et, par conséquent, ne représente rien.

Prenons pour exemple l'équation

$$(1) \quad x^2 + y^2 + z^2 + 2yz + 2xz + 2yx + 2x + 2y + 2z + f = 0.$$

Les trois plans, dont la rencontre détermine le centre, coïncident, puisque leurs équations sont évidemment identiques.

L'intersection de la surface et du plan xy est représentée par l'équation

$$x^2 + y^2 + 2xy + 2x + 2y + f = 0,$$

qui revient à

$$(2) \qquad (x + y + 1)^2 + (f - 1) = 0.$$

Selon qu'on aura

$$f - 1 < 0, \ = 0, \ > 0,$$

l'équation (2) donnera deux droites parallèles : une seule droite, ou une ligne imaginaire. Dans ces mêmes conditions, l'équation (1) représente deux plans parallèles : un

---

d'où

$$Cx + C'y + C''z = \frac{C}{2A}\left[f'_{(x)} - 2C\right].$$

Substituant dans (2), il vient successivement

$$\frac{C}{2A}\left[\overline{f'_{(x)}}^2 - 4C^2\right] + 2CE = 0,$$

$$(3) \qquad f'_{(x)} = \pm 2\sqrt{C^2 - AE}.$$

D'après cela, on voit que l'équation proposée représente deux plans parallèles, un seul plan, une surface imaginaire, suivant qu'on a :

$$C^2 - AE > 0, \ = 0, \ < 0.$$

seul plan, ou une surface imaginaire. C'est ce que l'on peut immédiatement vérifier en mettant l'équation (1) sous cette forme,

$$(x + y + z + 1)^2 + (f - 1) = 0.$$

426. Lorsque deux des plans diamétraux $f'_{(x)} = 0$, $f'_{(y)} = 0$, $f'_{(z)} = 0$, se coupent suivant une droite située dans le troisième, l'équation proposée

$$f(x, y, z) = 0$$

représente, en général, un cylindre hyperbolique ou elliptique (page 518); elle peut aussi appartenir à l'une des variétés de ces deux cylindres.

Pour déterminer complétement la nature de la surface, on cherchera son intersection par un plan non parallèle à la droite commune aux trois plans diamétraux. Cette intersection peut être une hyperbole ou une ellipse, deux droites concourantes, un point, une ligne imaginaire. A ces différents cas correspondent: un cylindre hyperbolique ou elliptique, deux plans qui se coupent, une seule droite, une surface imaginaire.

427. Soit, comme exemple, l'équation

$$(1) \qquad x^2 - y^2 - 2yz - 2xz - 2x - 2y + f = 0.$$

Les trois dérivées du premier membre, égalées à zéro, donnent

$$x - z - 1 = 0, \quad y + z + 1 = 0, \quad y + x = 0.$$

La dernière de ces équations s'obtient en additionnant les deux précédentes, et celles-ci représentent deux plans qui se coupent; donc l'intersection de ces deux plans diamétraux est une droite située dans le troisième.

La surface est coupée par le plan des xy, suivant une ligne ayant pour équation

$$(3) \qquad x^2 - y^2 - 2x - 2y + f = 0,$$

et qui est une hyperbole, lorsque f n'est pas nul. Mais si
$f = 0$, l'équation (3) devenant

$$(x + y)(x - y - 2) = 0,$$

représente les deux droites concourantes

$$x + y = 0, \quad x - y - 2 = 0.$$

Dans le premier cas, la surface est un cylindre hyperbolique; dans le second, elle est formée de deux plans qui se coupent suivant la droite des centres.

428. Considérons encore l'équation

$$(1) \qquad 2x^2 + y^2 + z^2 - 2xz + 2xy - 2y - 2z + f = 0.$$

Ses trois dérivées sont

$$2x - z + y = 0, \quad y + x - 1 = 0, \quad z - x - 1 = 0;$$

la troisième se trouve en retranchant la seconde de la première; et comme, d'ailleurs, les deux premières représentent deux plans qui se coupent, il en faut conclure que les trois plans diamétraux se rencontrent suivant une même droite.

L'intersection de la surface et du plan des xy est déterminée par l'équation

$$2x^2 + y^2 + 2xy - 2y + f = 0,$$

qui revient à

$$(x + y - 1)^2 + (x + 1)^2 + f - 2 = 0.$$

Cette dernière équation donne une ellipse, un point ou une ligne imaginaire, selon que $f - 2$ est négatif, nul ou positif; par conséquent, dans ces trois cas différents, l'équation (1) représente un cylindre elliptique, une droite ou une surface imaginaire.

§ III. — Surfaces dépourvues de centre.

429. Quand les trois équations qu'on obtient en égalant à zéro les dérivées du premier membre de l'équation proposée n'admettent aucune solution commune, la surface n'a pas de centre, et, par conséquent, elle est un des deux paraboloïdes ou un cylindre parabolique.

Pour savoir auquel de ces trois genres elle appartient, il suffira de déterminer ses sections par des plans parallèles aux trois plans des coordonnées. En effet, ces trois plans ne pouvant être parallèles à une même droite, il faudra, si la surface est un paraboloïde elliptique, que l'une des sections soit une ellipse; cette condition est d'ailleurs suffisante, puisque le paraboloïde elliptique est la seule surface dépourvue de centre qui puisse donner lieu à une section elliptique.

De même, la condition nécessaire et suffisante pour que la surface soit un paraboloïde hyperbolique consiste en ce que l'une des trois sections doit être une hyperbole.

Enfin, si la surface est un cylindre parabolique, les sections seront nécessairement des paraboles ou des droites parallèles.

§ IV. — APPLICATION A DES EXEMPLES NUMÉRIQUES.

Exemples dans lesquels la surface a un centre.

430. *Premier exemple.*

$$xy + xz + yz - 2x - y - 3z + 1 = 0.$$

Coordonnées du centre :

$$x = 1, \quad y = 2, \quad z = 0.$$

En prenant le centre pour origine, l'équation proposée se réduit à

$$xy + xz + yz - 1 = 0.$$

Cette dernière équation représente un hyperboloïde à deux nappes, puisque le nombre des coefficients de signes contraires au dernier terme est impair (n° **419**).

Deuxième exemple.

$$2\,xy - xz + yz - 2\,x + 2\,y - 3\,z - 2 = 0.$$

Coordonnées du centre :

$$x = -\tfrac{3}{2}, \quad y = \tfrac{3}{2}, \quad z = 1.$$

En transportant les axes au centre, l'équation devient

$$2\,xy - xz + yz - \tfrac{1}{2} = 0\,;$$

et comme le nombre des coefficients de signes contraires au dernier terme est pair, elle représente un hyperboloïde à une nappe (n° **419**).

Troisième exemple.

$$8\,xy - 16\,xz + 8\,yz - 8\,x + 8\,y - 16\,z - 7 = 0.$$

Coordonnées du centre :

$$x = -\tfrac{3}{4}, \quad y = \tfrac{1}{2}, \quad z = -\tfrac{1}{4}.$$

En faisant disparaître les termes du premier degré, il vient

$$8\,xy - 16\,xz + 8\,yz = 0\,;$$

ce qui est l'équation d'un cône.

Quatrième exemple.

$$x^2 + 2\,y^2 + 2\,z^2 + 2\,xy - 2\,x - 4\,y - 4\,z + 2 = 0.$$

Coordonnées du centre :

$$x = 0, \quad y = 1, \quad z = 1.$$

En plaçant l'origine au centre, on a

$$x^2 + 2\,y^2 + 2\,z^2 + 2\,xy - 2 = 0,$$

d'où

$$z = \pm \sqrt{-\tfrac{1}{2}\,x^2 - y^2 - xy + 1}\,.$$

L'équation qu'on obtient en égalant à zéro la quantité soumise au radical appartient évidemment à une ellipse ; d'ailleurs z est réelle pour $x = 0$, $y = 0$; donc l'équation proposée représente un ellipsoïde.

Cinquième exemple.

$$x^2 + 2y^2 + 2z^2 + 2xy - 2x - 4y - 4z + 4 = 0.$$

Le centre a pour coordonnées

$$x = 0, \quad y = 1, \quad z = 1;$$

en y transportant les axes, il vient

$$x^2 + 2y^2 + 2z^2 + 2xy = 0$$

ou

$$z = \pm \sqrt{-\tfrac{1}{2} x^2 - y^2 - xy}.$$

L'équation

$$\tfrac{1}{2} x^2 + y^2 + xy = 0$$

donne

$$y = -\frac{x}{2} \pm \sqrt{-\frac{x^2}{4}},$$

et n'admet que la solution

$$x = 0, \quad y = 0.$$

Tout autre système de valeurs attribuées à x et y rend posi-tif le trinôme $\tfrac{1}{2} x^2 + y^2 + xy$, et, par suite, z imaginaire. Donc l'équation proposée représente le centre

$$x = 0, \quad y = 1, \quad z = 1.$$

Sixième exemple.

$$x^2 + 2y^2 + 2z^2 + 2xy - 2x - 4y - 4z + 6 = 0.$$

En faisant disparaître les termes du premier degré, on a

$$x^2 + 2y^2 + 2z^2 + 2xy + 2 = 0,$$

d'où

$$z = \pm \sqrt{-\tfrac{1}{2} x^2 - y^2 - xy - 2}.$$

L'équation

$$-\tfrac{1}{2} x^2 - y^2 - xy - 2 = 0$$

donne

$$y = -\frac{x}{2} \pm \sqrt{-\frac{x^2}{4} - 2},$$

et n'admet aucune solution. L'expression

$$-\tfrac{1}{2}\,x^2 - y^2 - xy - 2$$

reste négative pour toutes les valeurs réelles de x et de y; par suite, z est constamment imaginaire; donc l'équation proposée ne représente rien.

Septième exemple.

$$x^2 + 3y^2 - 2z^2 - 4yz + 2xy - 4x + 12z - 14 = 0.$$

Le centre a pour coordonnées

$$x = 1, \quad y = 1, \quad z = 2.$$

En prenant ce point pour origine, l'équation devient

$$x^2 + 3y^2 - 2z^2 - 4yz + 2xy - 4 = 0,$$

et donne

$$z = -y \pm \tfrac{1}{2}\sqrt{2x^2 + 10y^2 + 4xy - 8}.$$

En égalant à zéro la quantité soumise au radical, on a l'équation

$$2x^2 + 10y^2 + 4xy - 8 = 0$$

ou

$$y = -\frac{x}{5} \pm \frac{2}{5}\sqrt{-x^2 + 5},$$

qui appartient évidemment à une ellipse. D'ailleurs, la valeur de z devient imaginaire lorsqu'on remplace x, y par zéro; donc la surface est un hyperboloïde à une nappe (n° **422**).

Huitième exemple.

$$x^2 + 3y^2 - 2z^2 - 4yz + 2xy - 4x + 12z - 10 = 0.$$

Les coordonnées x, y, z du centre sont 1, 1, 2. L'équation de la surface rapportée au centre est

$$x^2 + 3y^2 - 2z^2 - 4yz + 2xy = 0$$

ou

$$z = -y \pm \tfrac{1}{2}\sqrt{2x^2 + 10y^2 + 4xy}.$$

Le radical égalé à zéro donne

$$10y^2 + 2x^2 + 4xy = 0$$

ou

$$y = -\frac{x}{5} \pm \frac{2x}{5}\sqrt{-1}.$$

Cette dernière équation n'admet que la solution

$$x = 0, \quad y = 0;$$

mais tout autre système de valeurs attribuées à x, y rend positive la quantité soumise au radical, et, par suite, la valeur de z est constamment réelle; il en résulte (n° **422**) que la surface considérée est un cône.

Neuvième exemple.

$$x^2 + y^2 + z^2 - 2yz + 4xy + 4x + 4y - 4z + 3 = 0.$$

Coordonnées du centre :

$$x = 0, \quad y = -1, \quad z = +1.$$

Équation rapportée au centre :

$$x^2 + y^2 + z^2 - 2yz + 4xy - 1 = 0;$$

d'où

$$z = y \pm \sqrt{-x^2 - 4xy + 1}.$$

En égalant à zéro la quantité placée sous le radical, on obtient l'équation

$$-x^2 - 4xy + 1 = 0,$$

qui appartient à une hyperbole; de plus, la valeur de z est réelle pour $x = 0$, $y = 0$; donc la surface est un hyperboloïde à une nappe.

Dixième exemple.

$$x^2 + y^2 + z^2 - 2yz + 4xy + 4x + 4y - 4z + 5 = 0.$$

L'équation de la surface rapportée au centre

$$(x = 0, \quad y = -1, \quad z = 1)$$

devient
$$x^2 + y^2 + z^2 - 2yz + 4xy + 1 = 0,$$
et donne
$$z = y \pm \sqrt{-x^2 - 4xy - 1}.$$

En égalant le radical à zéro, on trouve l'équation d'une hyperbole
$$x^2 + 4xy + 1 = 0;$$

d'ailleurs, la valeur de z est imaginaire pour $x = 0$, $y = 0$; donc la surface est un hyperboloïde à deux nappes.

Onzième exemple.

$$x^2 + y^2 + z^2 - 2yz + 4xy + 4x + 4y - 4z + 4 = 0.$$

En transportant les axes au centre
$$(x = 0, \quad y = -1, \quad z = 1),$$
on a
$$x^2 + y^2 + z^2 - 2yz + 4xy = 0,$$
d'où
$$z = y \pm \sqrt{-x^2 - 4xy} = y \pm \sqrt{-x(x + 4y)}.$$

L'équation
$$x(x + 4y) = 0,$$

obtenue en égalant à zéro le radical, représente deux droites qui se coupent; par conséquent (n° 423), la surface est un cône.

Exemples dans lesquels il y a une infinité de centres.

431. *Premier exemple.*

$$x^2 + 4y^2 + 9z^2 + 12yz + 6xz + 4xy + 2x$$
$$+ 4y + 6z - 4 = 0.$$

Les trois équations dérivées qui déterminent les coordonnées du centre se réduisent à une seule, qui est
$$x + 3z + 2y + 1 = 0.$$

Cette dernière équation représente un plan dont tous les points peuvent être pris pour centres.

L'intersection de la surface et du plan des xy est déterminée par l'équation

$$x^2 + 4y^2 + 4xy + 2x + 4y - 4 = 0,$$

qui donne les deux parallèles

$$y = -\left(\frac{x+1}{2}\right) \pm \frac{1}{2}\sqrt{5}.$$

Donc la surface est formée de deux plans parallèles (n° **425**).

Deuxième exemple.

$$x^2 + y^2 + z^2 - 2yz + 2xz - 2xy + x - y + z + 1 = 0.$$

Les trois équations dérivées se réduisent à

$$2x + 2z - 2y + 1 = 0;$$

de plus, en supposant $z = 0$, l'équation proposée devient

$$x^2 + y^2 - 2xy + x - y + 1 = 0,$$

et donne

$$y = \frac{2x+1}{2} \pm \frac{1}{2}\sqrt{-3};$$

par conséquent, la surface est imaginaire (n° **425**).

Troisième exemple.

$$2x^2 + 8y^2 + 2z^2 - 8yz - 4xz + 8xy + x$$
$$+ 2y - z + \tfrac{1}{8} = 0.$$

Les trois équations dérivées se réduisent à

$$4x - 4z + 8y + 1 = 0.$$

L'intersection de la surface et du plan des xy est déterminée par l'équation

$$2x^2 + 8y^2 + 8xy + x + 2y + \tfrac{1}{8} = 0,$$

qui représente deux droites coïncidant avec

$$y = -\frac{x}{2} - \frac{1}{8}.$$

Il s'ensuit que la surface considérée est le plan

$$4x - 4z + 8y + 1 = 0 \quad (\text{n}^\circ \textbf{425}),$$

qui contient tous les centres.

Quatrième exemple.

$$2x^2 + 3y^2 + 18z^2 + 14yz + 8xz + 2xy + 8x$$
$$+ 4y + 16z + 1 = 0.$$

En égalant à zéro les trois dérivées, on a

$$(1) \qquad 2x + y + 4z + 4 = 0,$$
$$(2) \qquad x + 3y + 7z + 2 = 0,$$
$$(3) \qquad 4x + 7y + 18z + 8 = 0.$$

Si on additionne l'équation (1) avec le double de (2), on obtient l'équation (3); par conséquent, la surface a une infinité de centres situés sur la droite intersection des plans (1) et (2).

En coupant la surface par le plan des xy, on trouve l'ellipse

$$2x^2 + 3y^2 + 2xy + 8x + 4y + 1 = 0;$$

.donc l'équation proposée représente un cylindre elliptique.

Cinquième exemple.

$$x^2 + 3y^2 - 2yz - 2xz + 4xy + 2x + 4y - 2z + 2 = 0$$

Les trois équations du centre sont

$$x + 2y - z + 1 = 0,$$
$$2x + 3y - z + 2 = 0,$$
$$y + x + 1 = 0;$$

et comme la troisième s'obtient en retranchant la première de la seconde, on voit que la surface a une infinité de centres en ligne droite.

L'intersection de la surface et du plan xy est l'hyperbole

$$x^2 + 3y^2 + 4xy + 2x + 4y + 2 = 0;$$

donc l'équation proposée appartient à un cylindre hyperbolique.

Sixième exemple.

$$x^2 + y^2 + 6z^2 + 6yz + 6xz + 4xy$$
$$+ 4x + 2y + 6z + 1 = 0.$$

Les équations du centre sont :

$$x + 2y + 3z + 2 = 0,$$
$$2x + y + 3z + 1 = 0,$$
$$x + y + 2z + 1 = 0;$$

la troisième résultant de l'addition des deux autres, tous les points de la droite représentée par les deux premières sont des centres.

L'intersection de la surface et du plan des xy est donnée par l'équation

$$x^2 + y^2 + 4xy + 4x + 2y + 1 = 0,$$
ou
$$y = -(2x + 1) \pm x\sqrt{3}.$$

Cette équation représentant le système de deux droites concourantes, l'équation proposée donne deux plans qui se coupent suivant la droite des centres.

Septième exemple.

$$x^2 + 2y^2 + 5z^2 + 6yz + 4xz + 2xy$$
$$+ 2x + 2y + 4z + 1 = 0.$$

On a, pour les équations du centre :

$$x + y + 2z + 1 = 0,$$
$$x + 2y + 3z + 1 = 0,$$
$$2x + 3y + 5z + 2 = 0;$$

la troisième est la somme des deux précédentes; donc tous les points de la droite que les deux premières représentent sont des centres.

Pour $z = 0$, l'équation proposée devient

$$x^2 + 2y^2 + 2xy + 2x + 2y + 1 = 0,$$

ou

$$y = -\tfrac{1}{2}(x + 1) \pm \tfrac{1}{2}\sqrt{-(x+1)^2}.$$

Cette dernière n'admettant que la solution

$$x = -1, \quad y = 0,$$

il en résulte que le lieu géométrique déterminé par l'équation proposée est la droite des centres.

Huitième exemple.

$$x^2 + y^2 + 5z^2 - 4yz + 2xz + 2y - 4z + 1 = 0.$$

Les équations dérivées sont

$$x + z = 0,$$
$$y - 2z + 1 = 0,$$
$$x - 2y + 5z - 2 = 0.$$

On obtient la troisième en retranchant de la première le double de la seconde ; d'où il suit que les deux premières représentent une droite dont tous les points peuvent être pris pour centres.

En faisant $z = 0$ dans l'équation donnée, il vient

$$x^2 + y^2 + 2y + 1 = 0 \quad \text{ou} \quad x^2 + (y + 1)^2 = 0.$$

Cette dernière équation n'admettant aucune solution réelle, l'équation représente une surface imaginaire.

Exemples dans lesquels la surface n'a pas centre.

432. *Premier exemple.*

$$x^2 + y^2 + z^2 - 2yz + 2xz - 2xy + x - y + 2z + 1 = 0.$$

Les équations dérivées $f'_{(x)} = 0$, $f'_{(y)} = 0$, $f'_{(z)} = 0$, sont ici :

$$2x + 2z - 2y + 1 = 0,$$
$$2x + 2z - 2y + 1 = 0,$$
$$2x + 2z - 2y + 2 = 0;$$

38.

et il est évident qu'elles n'admettent aucune solution commune, donc la surface n'a pas de centre.

Si l'on coupe la surface par un plan $z = \gamma$, parallèle au plan des xy, les équations de la section seront

$$z = \gamma,$$

$$y^2 - y(2\gamma + 2x + 1) + x^2 + 2\gamma x + x + \gamma^2 + 2\gamma + 1 = 0.$$

Cette dernière donne

$$y = \tfrac{1}{2}(2\gamma + 2x + 1) \pm \tfrac{1}{2}\sqrt{-4\gamma - 3},$$

et sous cette forme on reconnaît qu'elle représente deux parallèles, lorsqu'on a $-4\gamma - 3 > 0$.

Par conséquent, la surface est un cylindre parabolique (n° 429).

Deuxième exemple.

$$x^2 + 3y^2 - 2yz - 2xz + 4xy + 2x + 4y - z + 2 = 0.$$

On a, pour équations du centre:

$$(1) \qquad\qquad x + 2y - z + 1 = 0,$$

$$(2) \qquad\qquad 2x + 3y - z + 2 = 0,$$

$$(3) \qquad\qquad x + y + \tfrac{1}{2} = 0.$$

Si de l'équation (2) on retranche la somme des deux autres, on trouve $\tfrac{1}{2} = 0$; donc ces équations n'admettent aucune solution commune, c'est-à-dire que la surface considérée n'a aucun centre.

En coupant cette surface par le plan des xy, on a l'hyperbole

$$x^2 + 3y^2 + 4xy + 2x + 4y + 2 = 0;$$

il en faut conclure que l'équation proposée représente un paraboloïde hyperbolique.

Troisième exemple.

$$2x^2 + 3y^2 + 18z^2 + 14yz + 8xz + 2xy$$
$$+ 8x + 4y + 10z + 1 = 0.$$

Les trois équations dérivées sont :

$$(1) \qquad 2x + y + 4z + 4 = 0,$$

$$(2) \qquad x + 3y + 7z + 2 = 0,$$

$$(3) \qquad 4x + 7y + 18z + 5 = 0.$$

Si l'on retranche la troisième équation du double de la seconde augmenté de la première, on trouve $3 = 0$; donc ce système n'a pas de solution, et par conséquent la surface est dépourvue de centre.

L'intersection de cette surface et du plan des xy est l'ellipse

$$2x^2 + 3y^2 + 2xy + 8x + 4y + 1 = 0;$$

il s'ensuit que l'équation proposée représente un paraboloïde elliptique.

CHAPITRE HUITIÈME.

DES SURFACES SPHÉRIQUES, CONIQUES ET CYLINDRIQUES.

De la surface sphérique.

433. En représentant par α, β, γ, les coordonnées du centre d'une sphère, et par r son rayon, l'équation la plus générale de cette surface est évidemment

$$\left.\begin{array}{l} (x-\alpha)^2 + (y-\beta)^2 + (z-\gamma)^2 \\ + 2(x-\alpha)(y-\beta)\cos(x,y) \\ + 2(x-\alpha)(z-\gamma)\cos(x,z) \\ + 2(y-\beta)(z-\gamma)\cos(y,z) \end{array}\right\} - r^2$$

Quand les axes sont rectangulaires, l'équation se réduit à

$$(1) \qquad (x-\alpha)^2 + (y-\beta)^2 + (z-\gamma)^2 = r^2.$$

Cas particuliers. — Le centre peut être placé sur l'un des plans coordonnés, celui des xy par exemple; on a alors $\gamma = 0$, et, par suite,

$$(x-\alpha)^2 + (y-\beta)^2 + z^2 = r^2;$$

mettons le centre sur l'axe des x, nous aurons $\beta = 0$, $\gamma = 0$, et l'équation sera

$$(x-\alpha)^2 + y^2 + z^2 = r^2.$$

Enfin, lorsque le centre est à l'origine, l'équation (1) devient

$$(2) \qquad x^2 + y^2 + z^2 = r^2;$$

c'est la forme sous laquelle l'équation de la sphère est employée ordinairement.

434. L'équation (1) étant développée donne un résultat de la forme

$$x^2 + y^2 + z^2 + A x + B y + C z + D = 0.$$

Réciproquement, toute équation de cette forme, quand les axes sont rectangulaires, représente une surface sphérique dont les coordonnées du centre sont

$$\alpha = -\frac{A}{2}, \quad \beta = -\frac{B}{2}, \quad \gamma = -\frac{C}{2},$$

et qui a pour rayon

$$r = \sqrt{\frac{A^2 + B^2 + C^2}{4} - D}.$$

Cette proposition se démontre comme celle du n° 54.

435. Pour trouver l'intersection d'une sphère et d'un plan, il faut (n° 365) combiner l'équation

$$x^2 + y^2 + z^2 = r^2$$

avec les formules

$$x = x' \cos \varphi + y' \sin \varphi \cos \theta + a,$$
$$y = x' \sin \varphi - y' \cos \varphi \cos \theta + b,$$
$$z = y' \sin \theta + c;$$

l'équation résultante en x', y' sera celle de la courbe d'intersection.

Or, en effectuant les calculs, on reconnaît : 1° que le coefficient de $x' y'$ est nul ; 2° que les coefficients de x'^2 et de y'^2 sont égaux à l'unité : ainsi (n° 54), cette équation est celle d'un cercle.

Remarque. — Si l'on éliminait une des variables, z par exemple, entre l'équation (2) et l'équation

$$A x + B y + C z + D = 0.$$

d'un plan quelconque, on obtiendrait l'équation d'une ellipse. On en conclurait que la projection d'un cercle sur un plan est une ellipse.

436. Proposons-nous maintenant de déterminer l'équation du *plan tangent* à la sphère, au point (x', y', z') de cette surface rapportée à des axes rectangulaires.

Soient

$$(1) \qquad (x - \alpha)^2 + (y - \beta)^2 + (z - \gamma)^2 = r^2$$

l'équation de la sphère, et (n° 346)

$$(2) \qquad A(x - x') + B(y - y') + C(z - z') = 0$$

celle d'un plan passant par le point (x', y', z').

Il est visible que le rayon mené au point de contact a pour équations

$$x - x' = \frac{x' - \alpha}{z' - \gamma}(z - z'), \quad y - y' = \frac{y' - \beta}{z' - \gamma}(z - z').$$

Or, le plan cherché devant être perpendiculaire à ce rayon, on est conduit (n° 354) aux relations

$$A = \frac{x' - \alpha}{z' - \gamma} C, \quad B = \frac{y' - \beta}{z' - \gamma} C;$$

ces valeurs portées dans l'équation (2), donnent

$$(a) \quad (x' - \alpha)(x - x') + (y' - \beta)(y - y') + (z' - \gamma)(z - z') = 0$$

pour l'équation du plan tangent.

Cette équation peut être présentée sous une autre forme, au moyen de la relation

$$(x' - \alpha)^2 + (y' - \beta)^2 + (z' - \gamma)^2 = r^2,$$

qui exprime que le point (x', y', z') se trouve sur la sphère.

En effet, cette relation revient à

$$(x' - \alpha)(x' - \alpha) + (y' - \beta)(y' - \beta) + (z' - \gamma)(z' - \gamma) = r^2;$$

et, en l'ajoutant à l'équation (a), on trouve

$$(b) \quad (x' - \alpha)(x - \alpha) + (y' - \beta)(y - \beta) + (z' - \gamma)(z - \gamma) = r^2.$$

Quand l'origine est au centre de la sphère, on a

$$\alpha = 0, \quad \beta = 0, \quad \gamma = 0,$$

et l'équation (b) se réduit à

$$x'x + y'y + z'z = r^2.$$

C'est l'équation qu'on emploie généralement dans les applications.

Des surfaces coniques.

437. On nomme *surface conique* la surface engendrée par une droite qui se meut en passant constamment par un point donné et en s'appuyant sur une ligne aussi donnée. Le point donné est le *sommet*, la ligne donnée est la *directrice*, et la droite mobile la *génératrice*.

Soient x', y', z' les coordonnées du sommet du cône, et

$$(1) \qquad F(x, y, z) = o, \quad F_1(x, y, z) = o,$$

les équations de la directrice.

Les équations de la génératrice seront de la forme

$$(2) \qquad x - x' = a(z - z'), \quad y - y' = b(z - z').$$

Puisque cette droite doit rencontrer la courbe, il faut que les équations (1) et (2) aient une solution commune; par suite, que l'équation résultant de l'élimination de x, y, z entre (1) et (2), équation que nous représenterons par

$$(3) \qquad f(a, b) = o,$$

soit vérifiée par toutes les valeurs que recevront les indéterminées a et b dans les différentes positions que prendra la génératrice. Il résulte de là que si on donne une valeur arbitraire à a, et que l'on calcule la valeur correspondante de b, ces valeurs, portées dans les équations (2), feront connaître une position particulière de la génératrice. Par conséquent, l'équation

$$(4) \qquad f\left(\frac{x - x'}{z - z'}, \frac{y - y'}{z - z'}\right) = o,$$

à laquelle on parvient en éliminant a et b entre les équations (2) et (3), est l'équation générale des surfaces coniques.

438. Lorsqu'on suppose le sommet de la surface à l'origine des coordonnées, x', y', z' sont nuls, et l'équation (4) se réduit à

$$f\left(\frac{x}{z},\ \frac{y}{z}\right) = 0;$$

c'est la forme générale des équations homogènes. Ainsi *l'équation de toute surface conique est homogène, quand l'origine des coordonnées est placée au sommet de cette surface.*

La réciproque est vraie, car si l'on coupe une surface dont l'équation est une fonction homogène des trois variables x, y, z, par un plan

$$z = ax + by,$$

mené par l'origine, la projection de l'intersection sur le plan des xy, par exemple, aura une équation homogène en x et y; et cette équation représentera alors un système de lignes droites (*). Tout plan mené par l'origine rencontrant la surface suivant un système de lignes droites, il s'ensuit que cette surface est conique.

439. On conclut de là que, pour reconnaître si une surface dont l'équation est donnée appartient à la *famille* des surfaces coniques, il faut déplacer l'origine et égaler à zéro les coefficients de tous les termes dont le degré est inférieur

---

(*) L'équation homogène

$$y^m + a_1 xy^{m-1} + a_2 x^2 y^{m-2} \ldots + a_m x^m = 0$$

représente le système d'autant de lignes du premier ordre, qui passent par l'origine, que l'équation numérique

$$z^m + a_1 z^{m-1} + a_2 z^{m-2} \ldots + a_m = 0,$$

que l'on obtient en posant $y = zx$, renferme de racines réelles et inégales; car, en désignant par α_1, α_2, α_3, ..., α_m les racines de l'équation en z, on pourra mettre la proposée sous la forme

$$(y - \alpha_1 x)(y - \alpha_2 x)(y - \alpha_3 x)\ldots(y - \alpha_m x) = 0.$$

à celui de l'équation transformée, ce qui la rend homogène. Si les équations de condition fournissent des valeurs réelles et finies pour a, b, c (n° 359), il en résulte que la surface est conique; sinon, elle ne l'est pas.

440. Appliquons ce qui précède à la recherche de l'équation, en coordonnées rectangulaires, du cône oblique à base circulaire.

En plaçant la base dans le plan des xy, et son centre à l'origine, elle aura pour équations

$$(1) \qquad x^2 + y^2 = r^2, \quad z = 0;$$

celles de la génératrice seront

$$(2) \qquad x - x' = a(z - z'), \quad y - y' = b(z - z'),$$

si on désigne par x', y', z' les coordonnées du sommet.

L'hypothèse $z = 0$, introduite dans les équations (2), donne

$$x = x' - az', \quad y = y' - bz';$$

portant ces valeurs dans la première des équations (1), on trouve

$$(3) \qquad (x' - az')^2 + (y' - bz')^2 = r^2$$

pour la relation qui doit exister entre les paramètres a et b. Enfin, si l'on élimine a et b entre les équations (2) et (3), on obtiendra l'équation

$$[x'(z - z') - z'(x - x')]^2 + [y'(z - z') - z'(y - y')]^2 = r^2(z - z')^2,$$

ou

$$(x'z - z'x)^2 + (y'z - z'y)^2 = r^2(z - z')^2,$$

qui sera celle de la surface.

Dans le cas du *cône droit*, c'est-à-dire lorsque le sommet est sur l'axe des z, on a, à la fois,

$$x' = 0, \quad y' = 0,$$

et l'équation précédente se réduit à

$$z'^2 x^2 + z'^2 y^2 = r^2 (z - z')^2;$$

en combinant cette équation avec les formules (n° 365), on pourrait obtenir les sections coniques, déterminées précédemment par une autre méthode.

Remarque. — Dans la question relative au cône oblique à base circulaire, si l'on prenait le sommet pour origine, et un plan parallèle à celui de la directrice pour plan des xy, les équations de cette courbe seraient

$$z = \delta, \quad (x - \alpha)^2 + (y - \beta)^2 = r^2,$$

et celles de la génératrice,

$$x = az, \quad y = bz.$$

On aurait évidemment, pour équation de condition,

$$(a\delta - \alpha)^2 + (b\delta - \beta)^2 = r^2;$$

ce qui conduirait à

$$(\delta x - \alpha z)^2 + (\delta y - \beta z)^2 - r^2 z^2 = 0$$

pour l'équation de la surface.

Des surfaces cylindriques.

441. On nomme *surface cylindrique* la surface engendrée par une droite assujettie à glisser sur une ligne fixe en restant parallèle à une direction donnée. La ligne fixe est appelée *directrice*, la droite mobile est la *génératrice*.

Soient

$$(1) \qquad F(x, y, z) = 0, \quad F_1(x, y, z) = 0,$$

les équations de la directrice; celles de la génératrice seront de la forme

$$(2) \qquad x = az + p, \quad y = bz + q,$$

a et b étant deux constantes données. Puisque cette droite doit rencontrer la courbe, il faut que les équations (1) et (2) aient une solution commune. Par suite, l'équation résultant de l'élimination de x, y, z entre (1) et (2), équation que nous pouvons représenter par

$$(3) \qquad f(p, q) = 0,$$

doit être satisfaite par toutes les valeurs que reçoivent les indéterminées p et q dans les différentes positions que prend la génératrice. Il suit de là que, si on élimine p et q entre les équations (2) et (3), l'équation résultante, savoir :

$$f(x - az, \; y - bz) = 0,$$

sera l'équation générale des surfaces cylindriques.

442. Appliquons la méthode au cylindre qui aurait pour directrice l'ellipse

$$(1) \qquad z = 0, \quad A^2 y^2 + B^2 x^2 = A^2 B^2.$$

Soient toujours

$$(2) \qquad x = az + p, \quad y = bz + q,$$

les équations de la génératrice, l'élimination de x, y, z entre les quatre équations précédentes conduit à la relation

$$(3) \qquad A^2 q^2 + B^2 p^2 = A^2 B^2.$$

Éliminant p et q entre (2) et (3), on trouve, pour le cylindre demandé,

$$A^2 (y - bz)^2 + B^2 (x - az)^2 = A^2 B^2.$$

FIN DE LA DEUXIÈME PARTIE.

ERRATA.

Page 76, ligne 2 en remontant; *au lieu de* $2\,6\cos\theta$, *lisez* $6\cos\theta$.

Page 111, ligne 4 en descendant; *au lieu de* $\sin 65^\circ$, *lisez* $-\sin 65^\circ$.

Page 111, ligne 8 en descendant; *au lieu de* $x'\sin 65^\circ$, *lisez* $-x'\sin 65^\circ$.

Page 226, ligne 1 en descendant; *au lieu de* SI, *lisez* PI.

Page 226, ligne 3 en descendant; *au lieu de* SI, *lisez* PI.

Page 380, ligne 4 en descendant; *au lieu de* $b^3 x'$, *lisez* $b^2 x'$.

Page 411, ligne 2 en remontant; *au lieu de* $\sin\left(\dfrac{2n+1}{2}\right)\pi + x$, *lisez*
$$\sin\left[\left(\frac{2n+1}{2}\right)\pi + x\right].$$

Page 459, ligne 1 en remontant; *au lieu de* supose, *lisez* suppose.

Page 463, ligne 4 en descendant; *au lieu de* axes, *lisez* plans.

Page 464, ligne 8 en remontant; *au lieu de* plan, *lisez* point.

Page 483, ligne 4 en descendant; *au lieu de* une donnée, *lisez* une droite donnée.

Page 501, lignes 9 et 10 en remontant; *au lieu de* $x - x' = \dfrac{a\,H}{a^2 + b^2 + 1}$,
$y - y' = \dfrac{b\,H}{a^2 + b^2 + 1}$, *lisez* $x - x' = \dfrac{a\,H}{a^2 + b^2 + 1} + p - x'$,
$y - y' = \dfrac{b\,H}{a^2 + b^2 + 1} + q - y'$.

Page 516, ligne 1 en remontant; *au lieu de* K, *lisez* E.

Page 520, lignes 7 et 8 en descendant; *au lieu de* « $y = nz$. Soient », *lisez* « $y = nz$, soient ».

Page 547, ligne 3 en descendant; *au lieu de* ces, *lisez* ses.

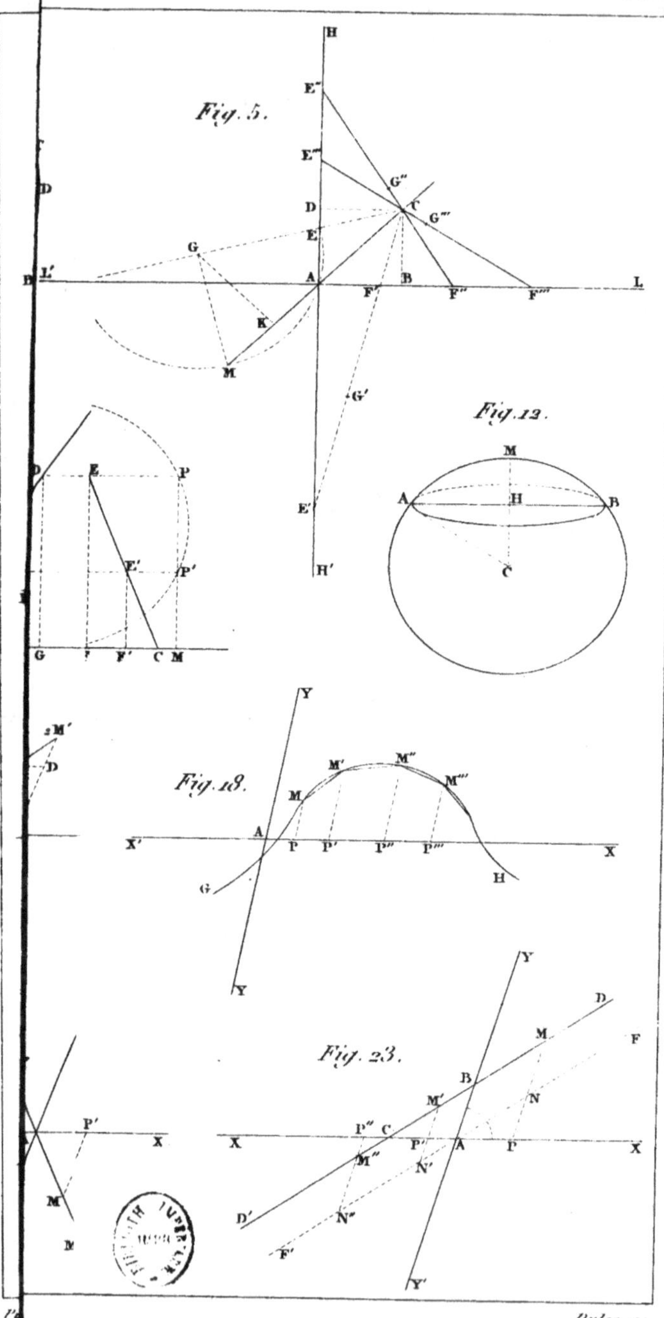

Fig. 5.
Fig. 13.
Fig. 19.
Fig. 23.
Dulos sc.

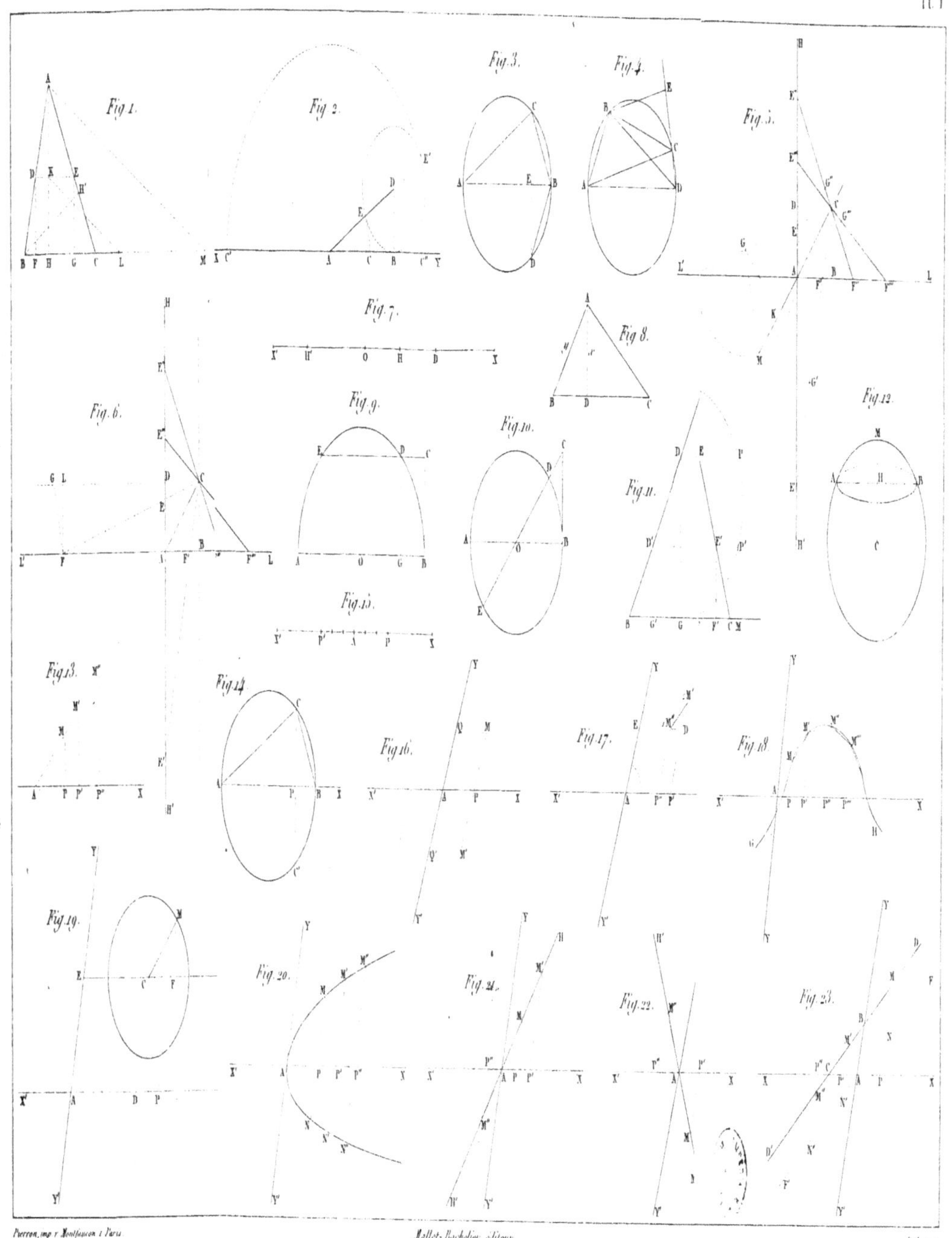

Fig. 1.
Fig. 2.
Fig. 3.
Fig. 4.
Fig. 5.
Fig. 6.
Fig. 7.
Fig. 8.
Fig. 9.
Fig. 10.
Fig. 11.
Fig. 12.
Fig. 13.
Fig. 14.
Fig. 15.
Fig. 16.
Fig. 17.
Fig. 18.
Fig. 19.
Fig. 20.
Fig. 21.
Fig. 22.
Fig. 23.

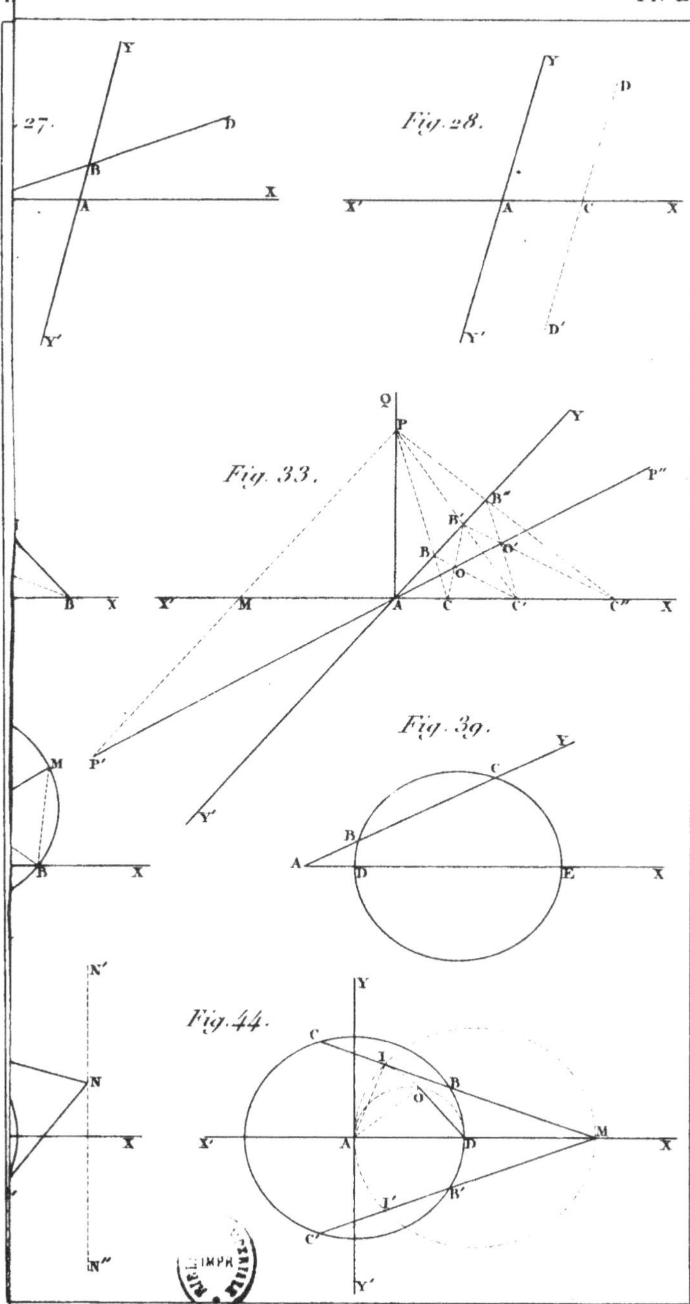
Fig. 27.
Fig. 28.
Fig. 33.
Fig. 39.
Fig. 44.

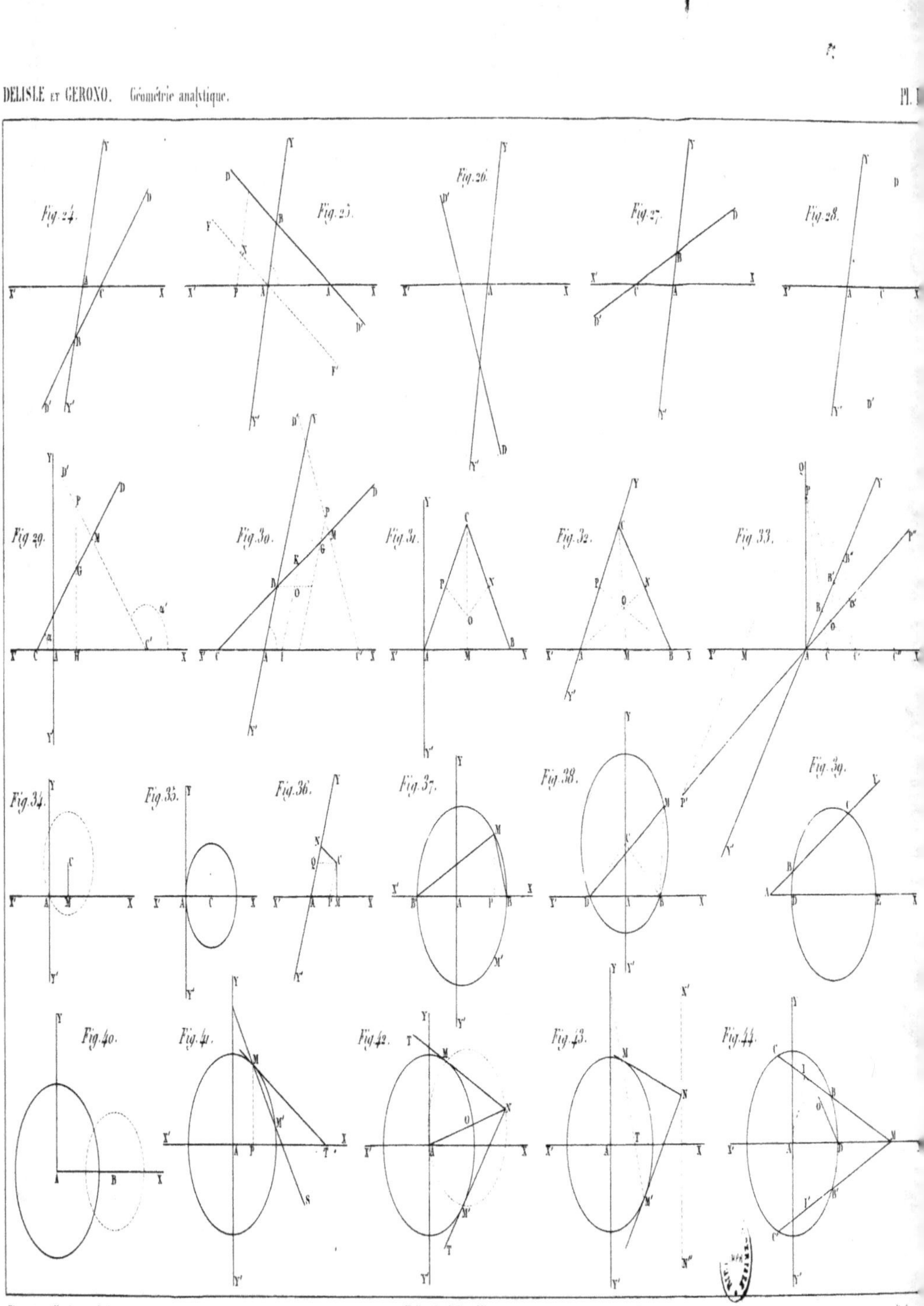

Fig. 24.
Fig. 25.
Fig. 26.
Fig. 27.
Fig. 28.
Fig. 29.
Fig. 30.
Fig. 31.
Fig. 32.
Fig. 33.
Fig. 34.
Fig. 35.
Fig. 36.
Fig. 37.
Fig. 38.
Fig. 39.
Fig. 40.
Fig. 41.
Fig. 42.
Fig. 43.
Fig. 44.

Pierron, imp. r. Montparnasse, Paris. Mallet-Bachelier, éditeur.

Fig. 48. 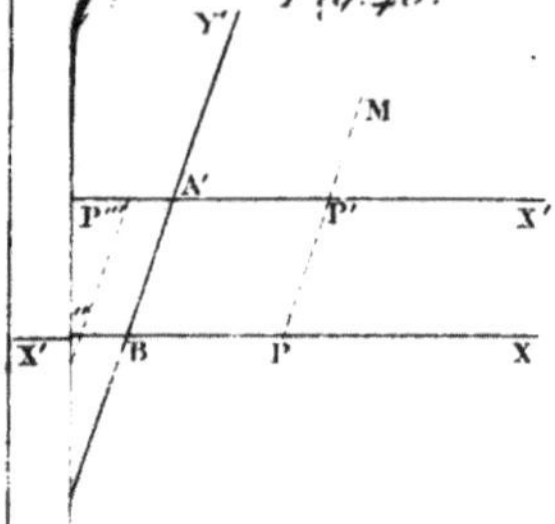
Fig. 49. 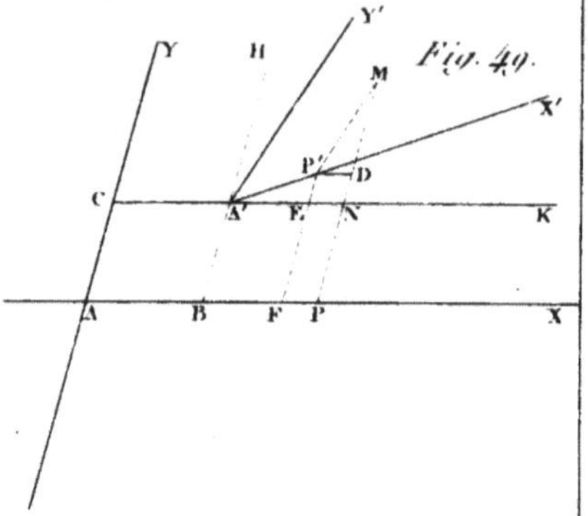
Fig. 53. 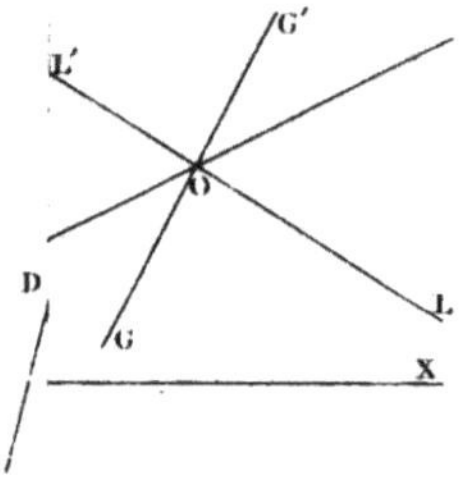
Fig. 54. 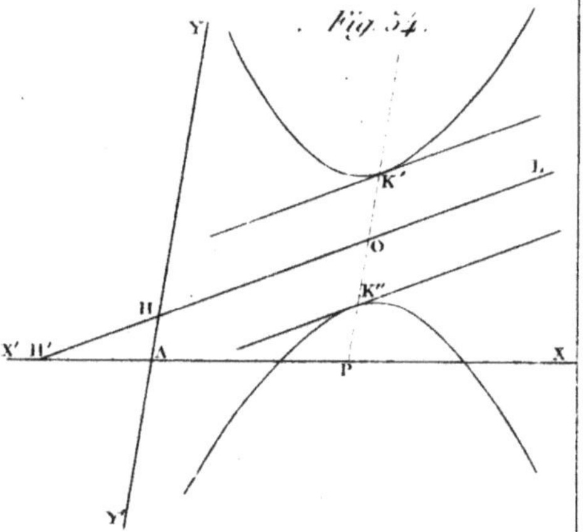
Fig. 58. 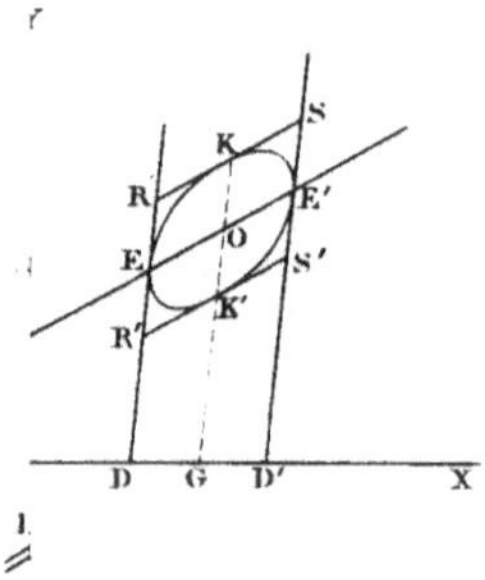
Fig. 59.

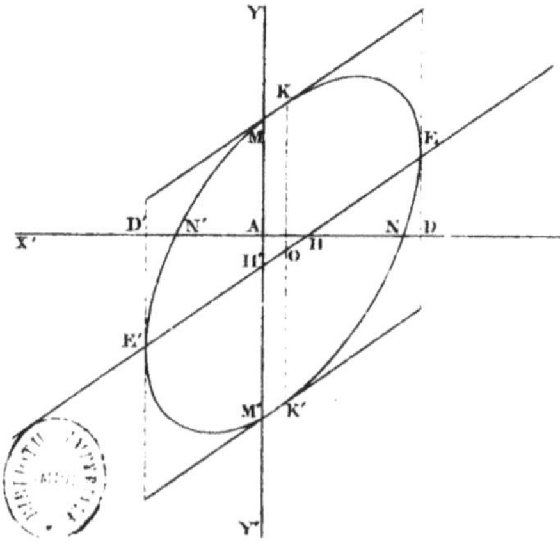

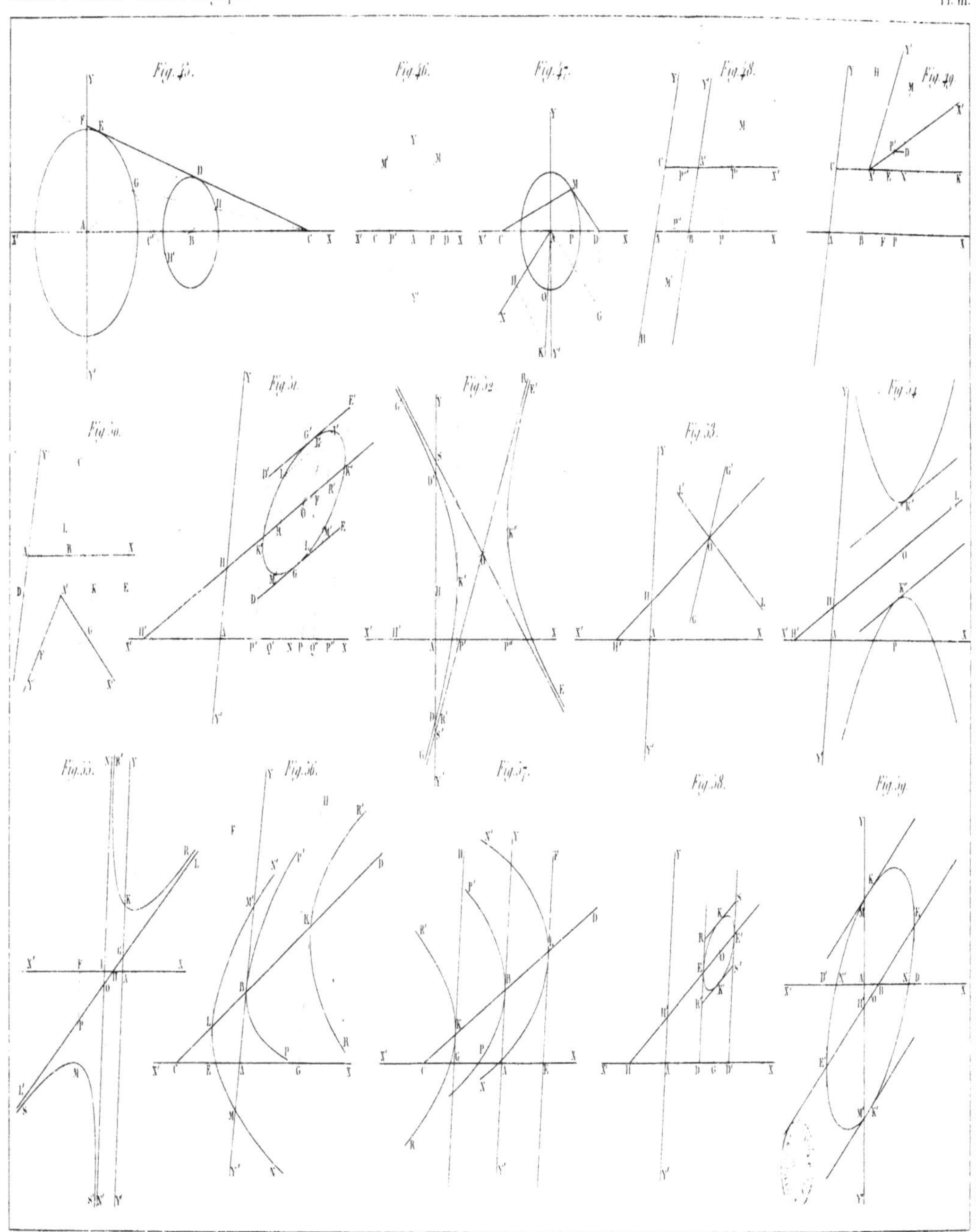

Perron, imp. r. Montsimon, 1, Paris.   Mallet-Bachelier, éditeur.   Palos 11.

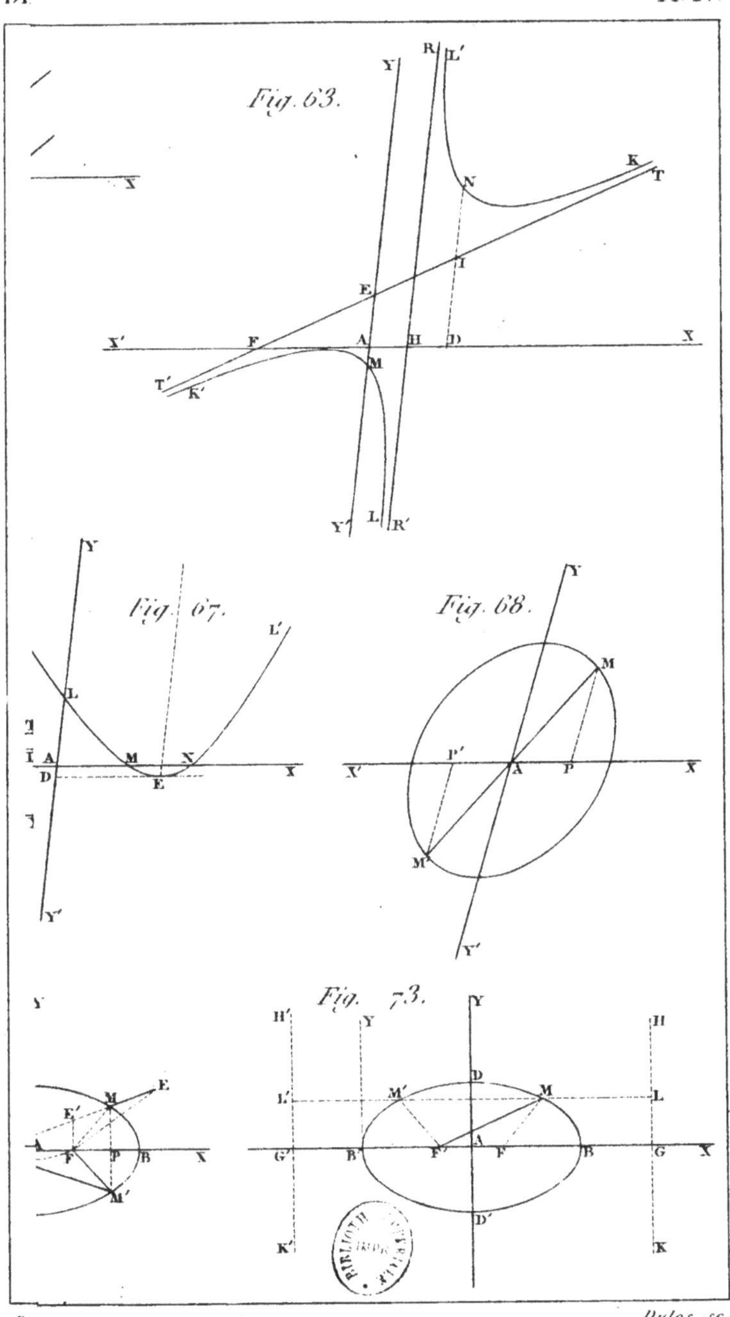
Fig. 63.
Fig. 67.
Fig. 68.
Fig. 73.

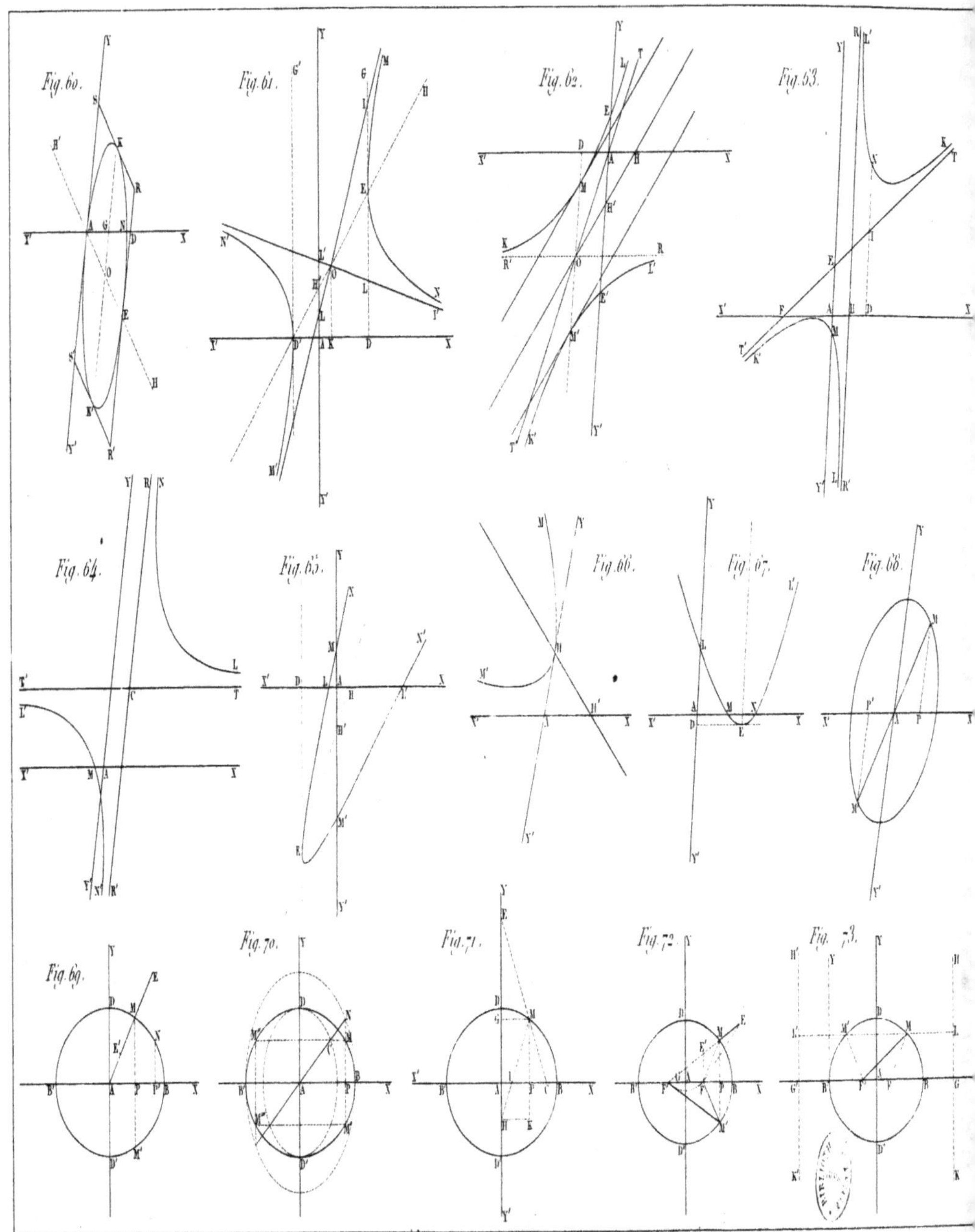

Perron imp. r. Montfaucon, Paris.   Mallet-Bachelier, éditeur.   Dulos

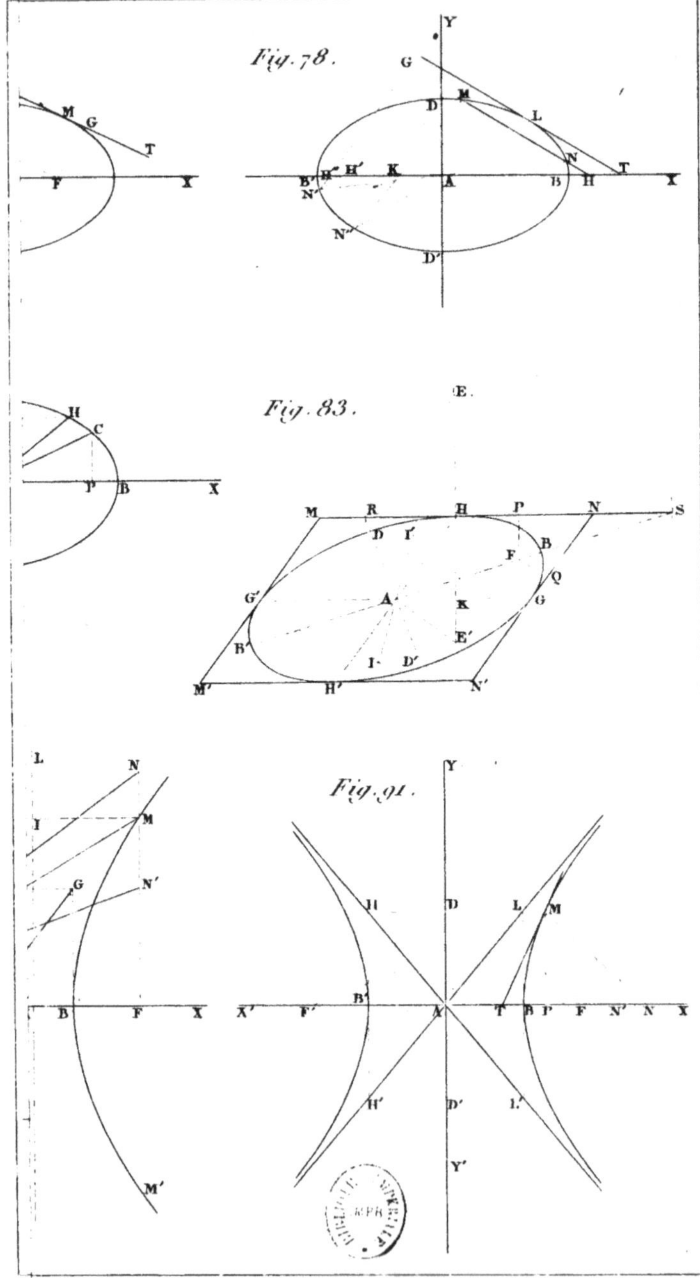
Fig. 78.
Fig. 83.
Fig. 91.
E.
Dulos sc.

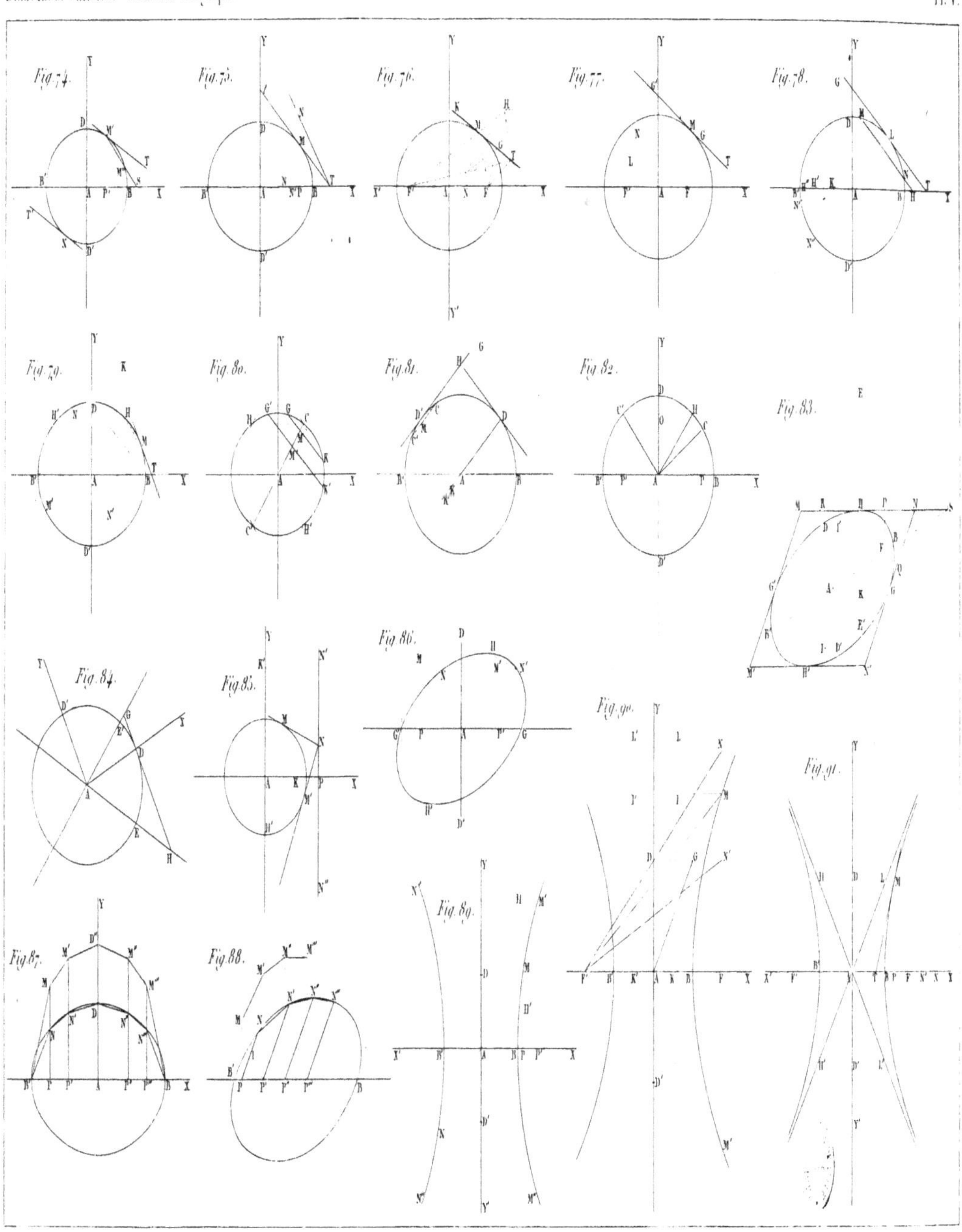

Fig. 74.
Fig. 75.
Fig. 76.
Fig. 77.
Fig. 78.
Fig. 79.
Fig. 80.
Fig. 81.
Fig. 82.
Fig. 83.
Fig. 84.
Fig. 85.
Fig. 86.
Fig. 87.
Fig. 88.
Fig. 89.
Fig. 90.
Fig. 91.

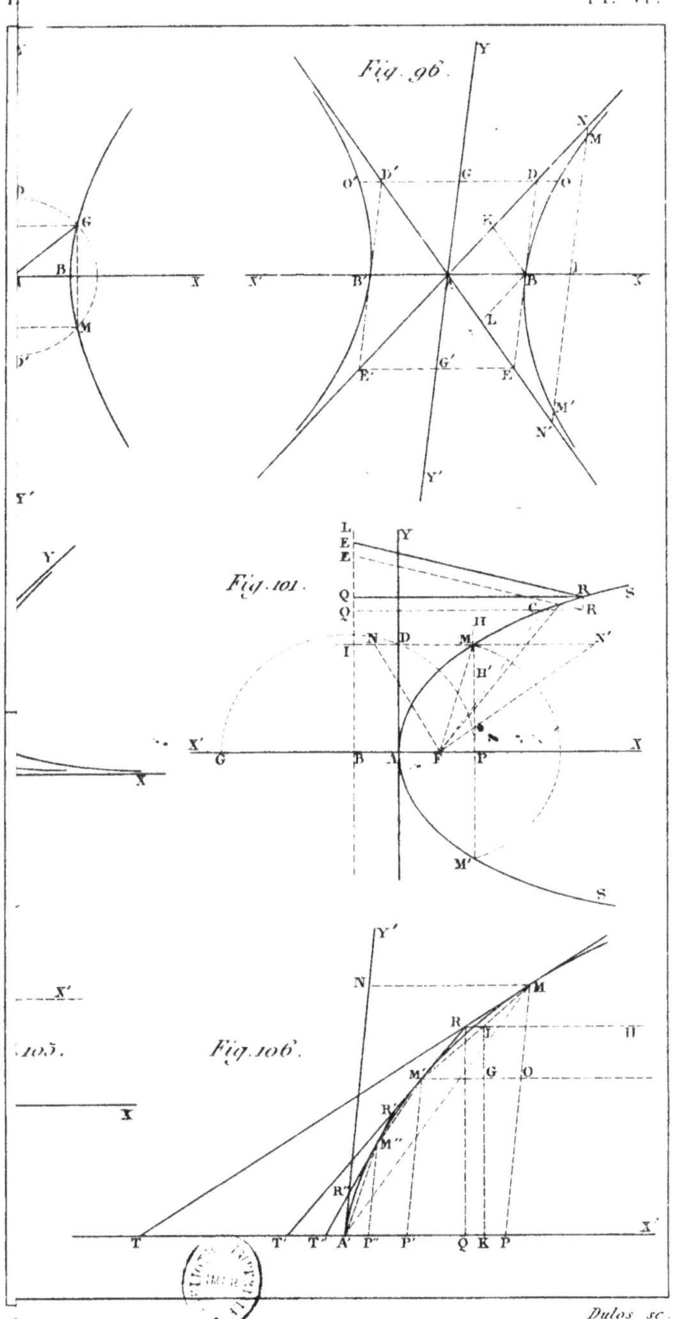
Fig. 96.
Fig. 101.
Fig. 106.
Dulos sc.

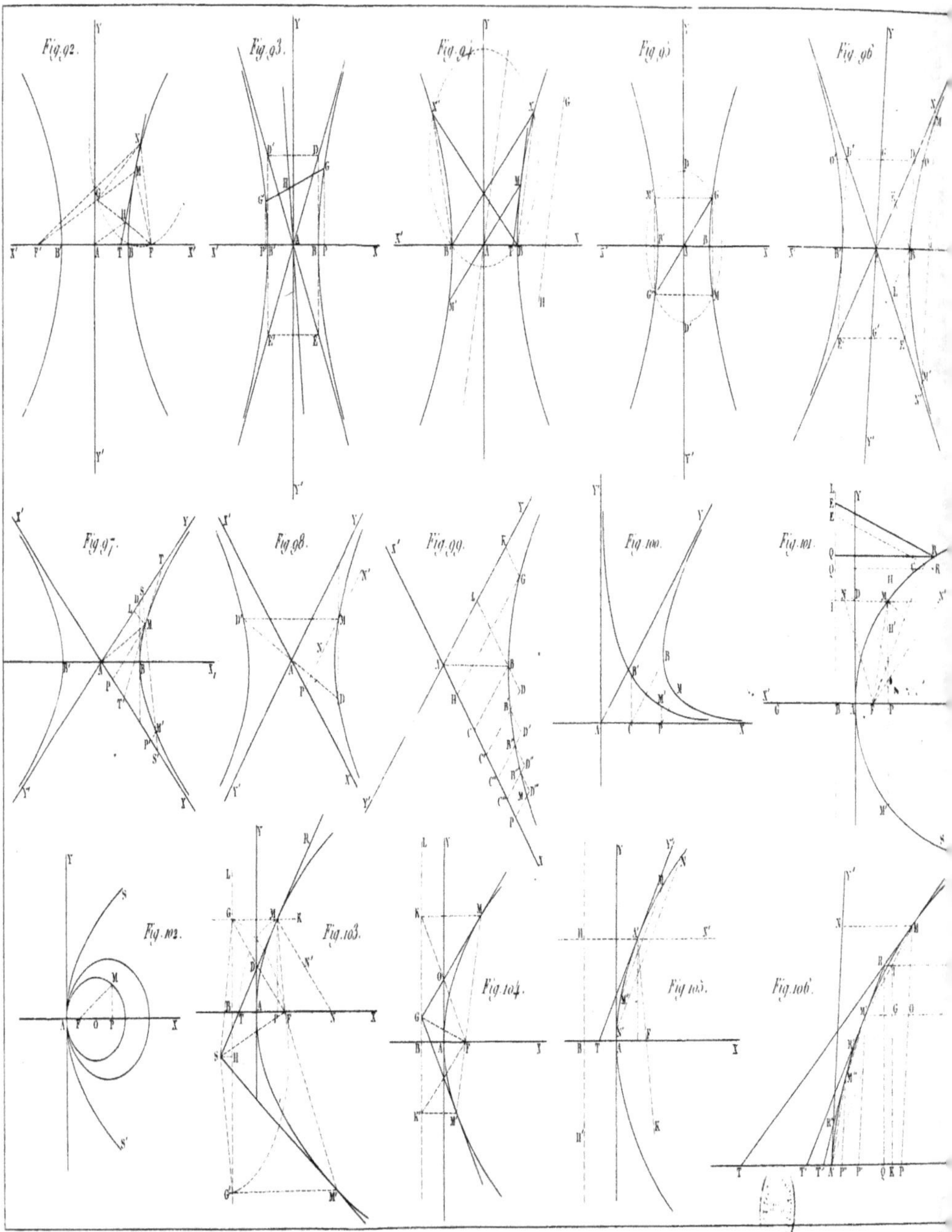
Fig. 92.
Fig. 93.
Fig. 94.
Fig. 95.
Fig. 96.
Fig. 97.
Fig. 98.
Fig. 99.
Fig. 100.
Fig. 101.
Fig. 102.
Fig. 103.
Fig. 104.
Fig. 105.
Fig. 106.

Paris Imp. de Pierron, r. Montfaucon, 1.
Mallet-Bachelier, éditeur.

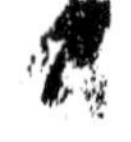

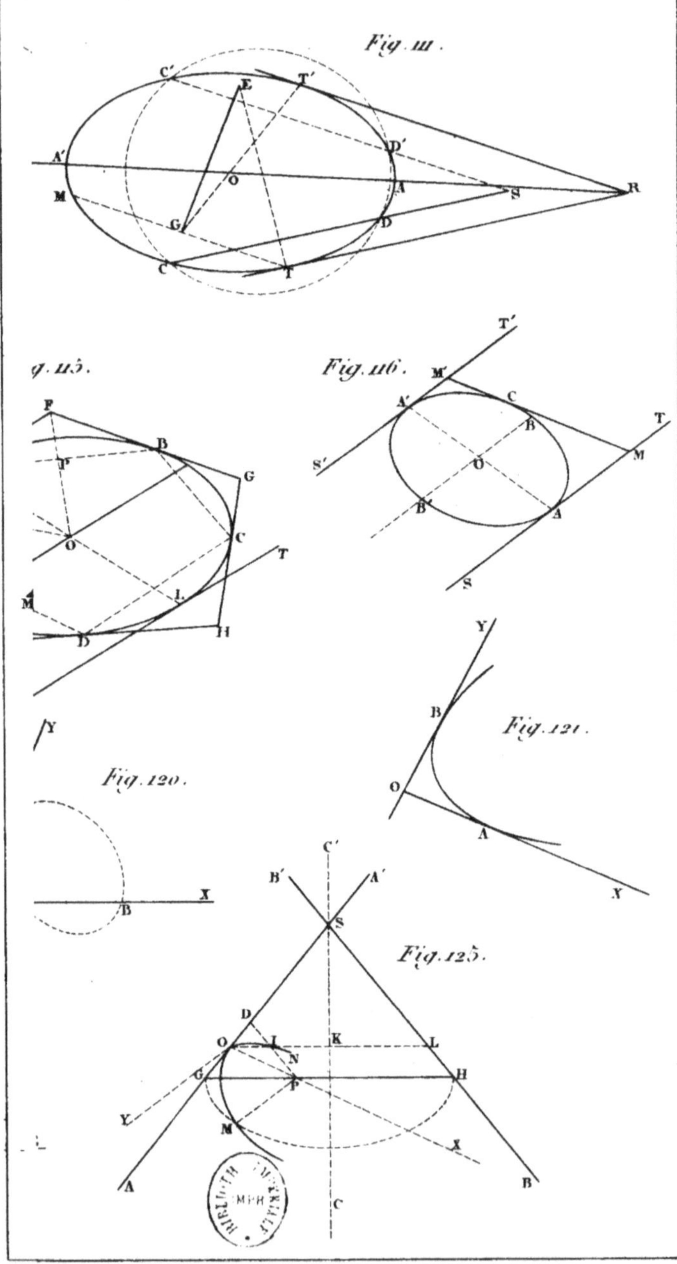

Fig. 111.
Fig. 115.
Fig. 116.
Fig. 120.
Fig. 121.
Fig. 123.

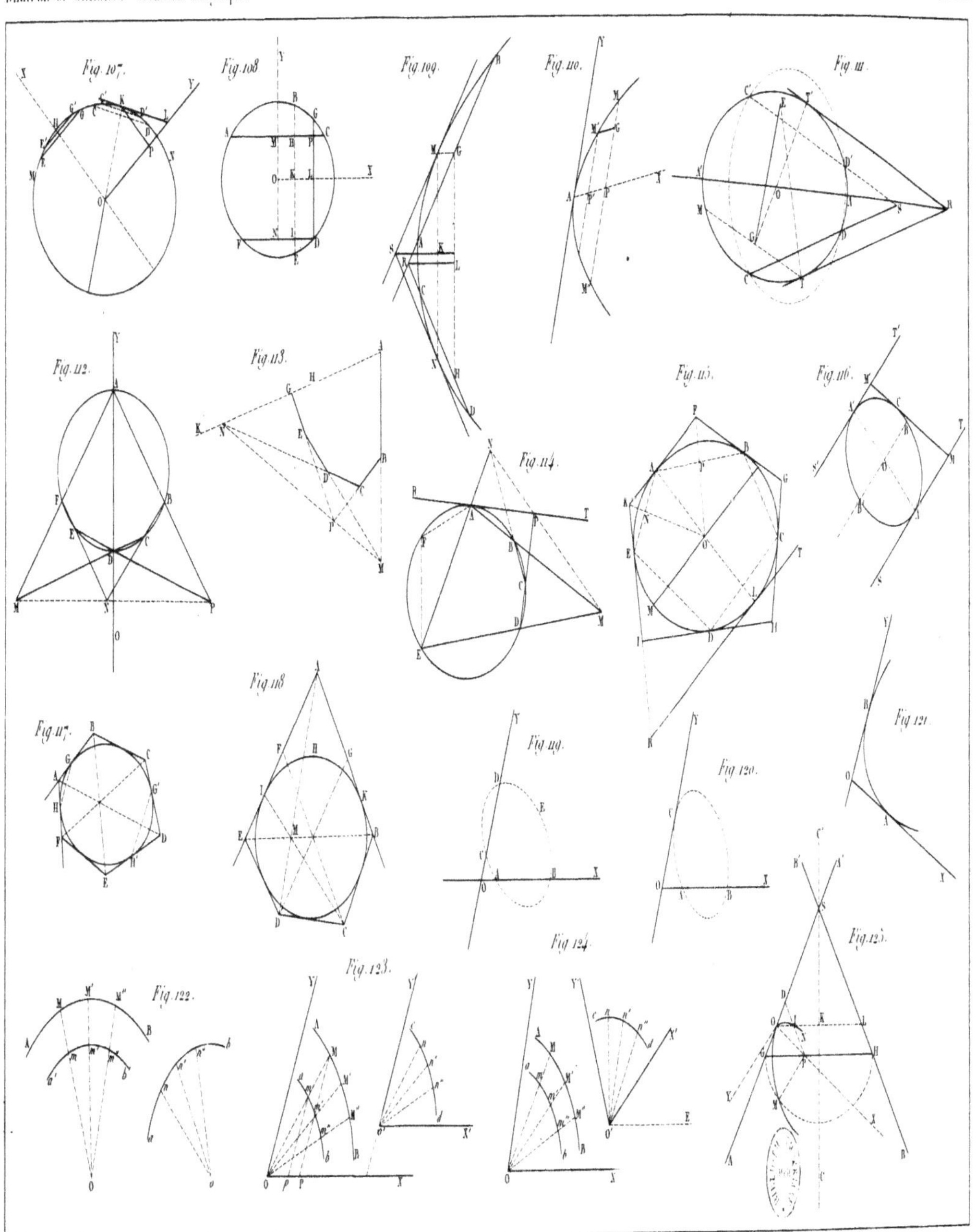

Fig. 107.
Fig. 108.
Fig. 109.
Fig. 110.
Fig. 111.
Fig. 112.
Fig. 113.
Fig. 114.
Fig. 115.
Fig. 116.
Fig. 117.
Fig. 118.
Fig. 119.
Fig. 120.
Fig. 121.
Fig. 122.
Fig. 123.
Fig. 124.
Fig. 125.

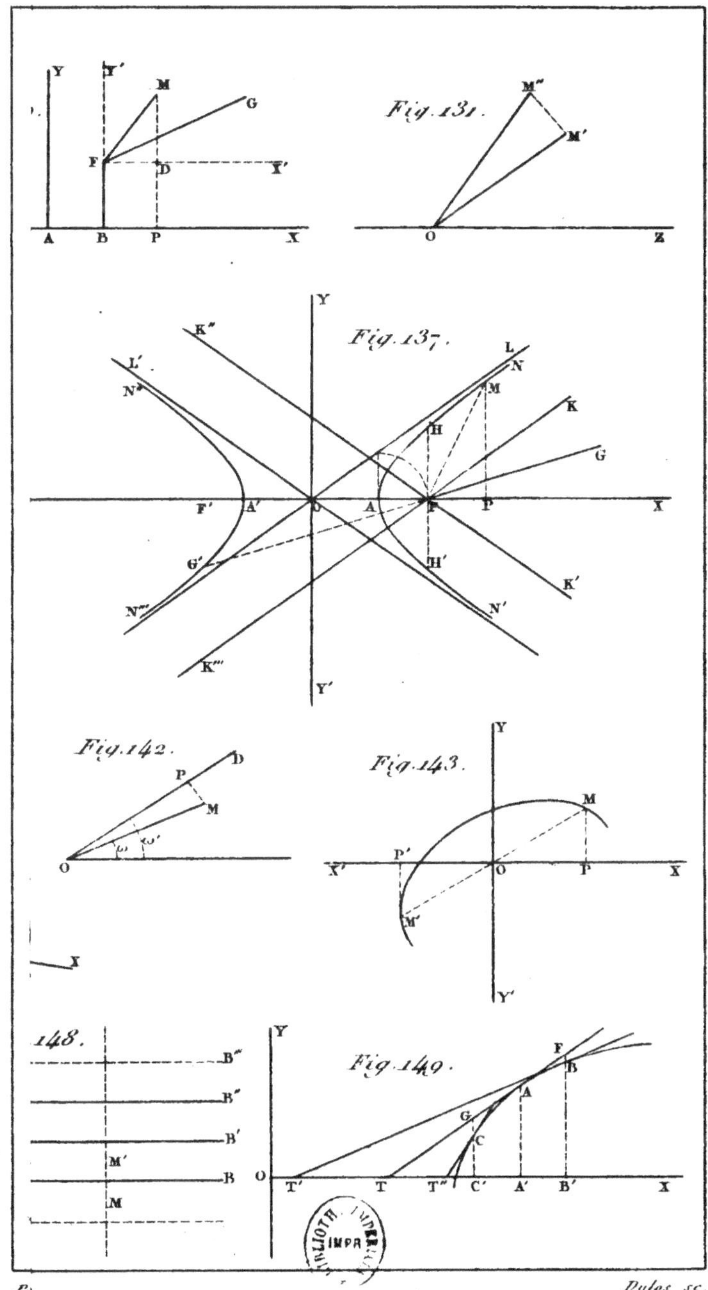

Fig. 131.
Fig. 137.
Fig. 142.
Fig. 143.
Fig. 149.
148.

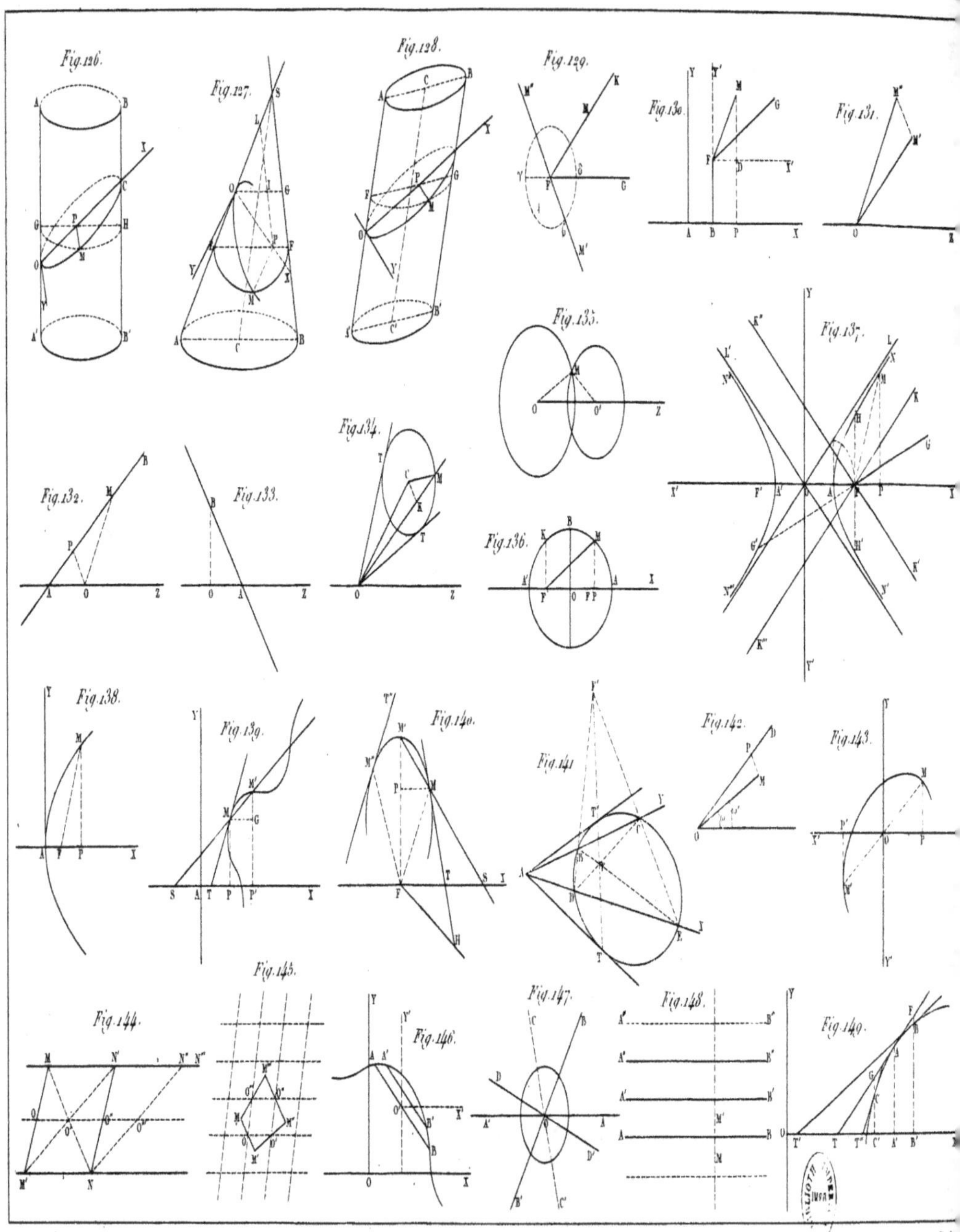

Fig.126.
Fig.127.
Fig.128.
Fig.129.
Fig.130.
Fig.131.
Fig.132.
Fig.133.
Fig.134.
Fig.135.
Fig.136.
Fig.137.
Fig.138.
Fig.139.
Fig.140.
Fig.141.
Fig.142.
Fig.143.
Fig.144.
Fig.145.
Fig.146.
Fig.147.
Fig.148.
Fig.149.

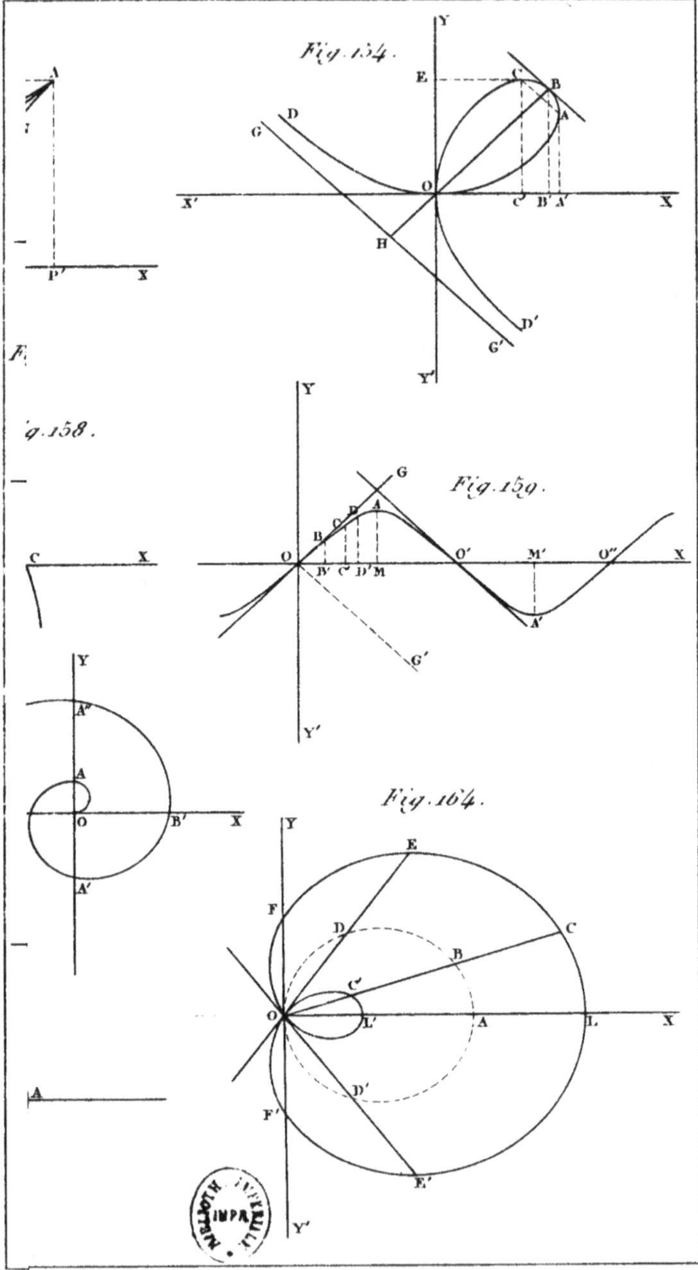

Fig. 154.
Fig. 158.
Fig. 159.
Fig. 164.

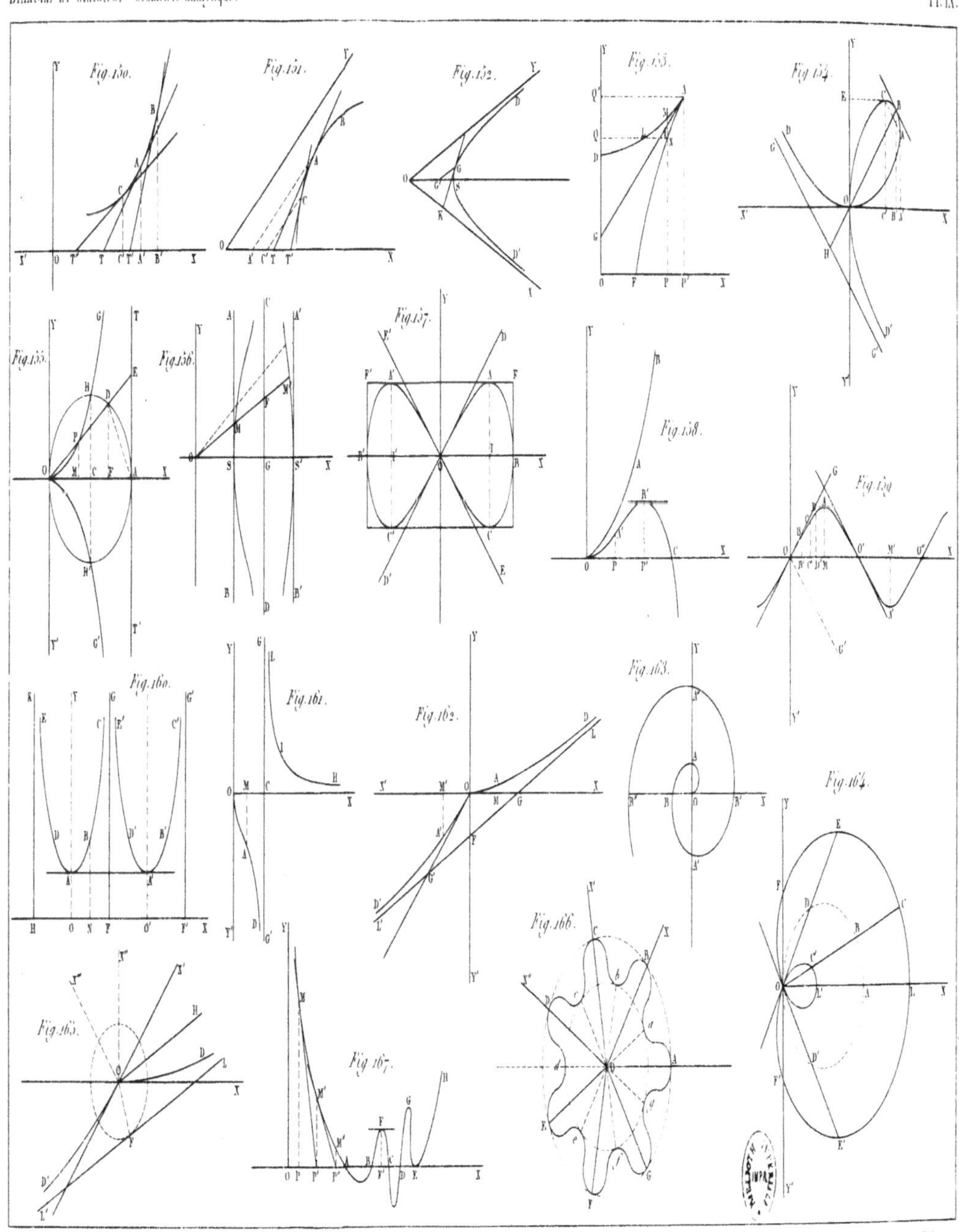

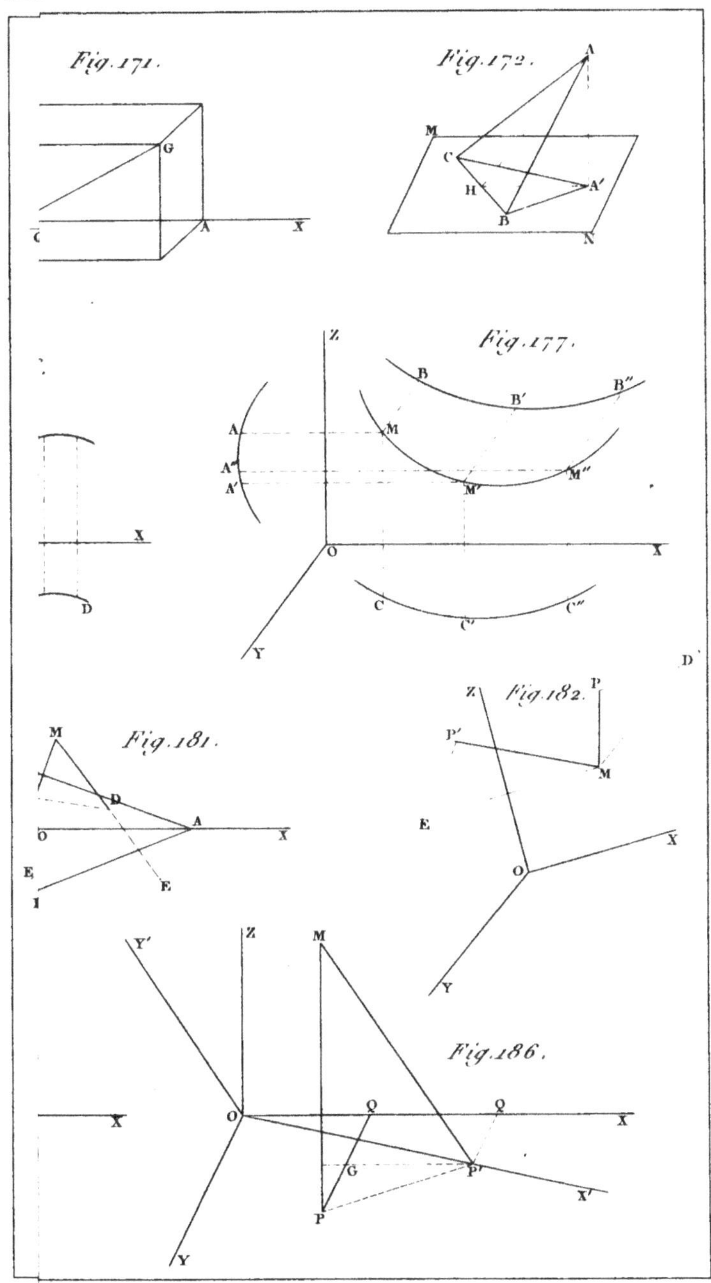

Fig.171.
Fig.172.
Fig.177.
Fig.181.
Fig.182.
Fig.186.

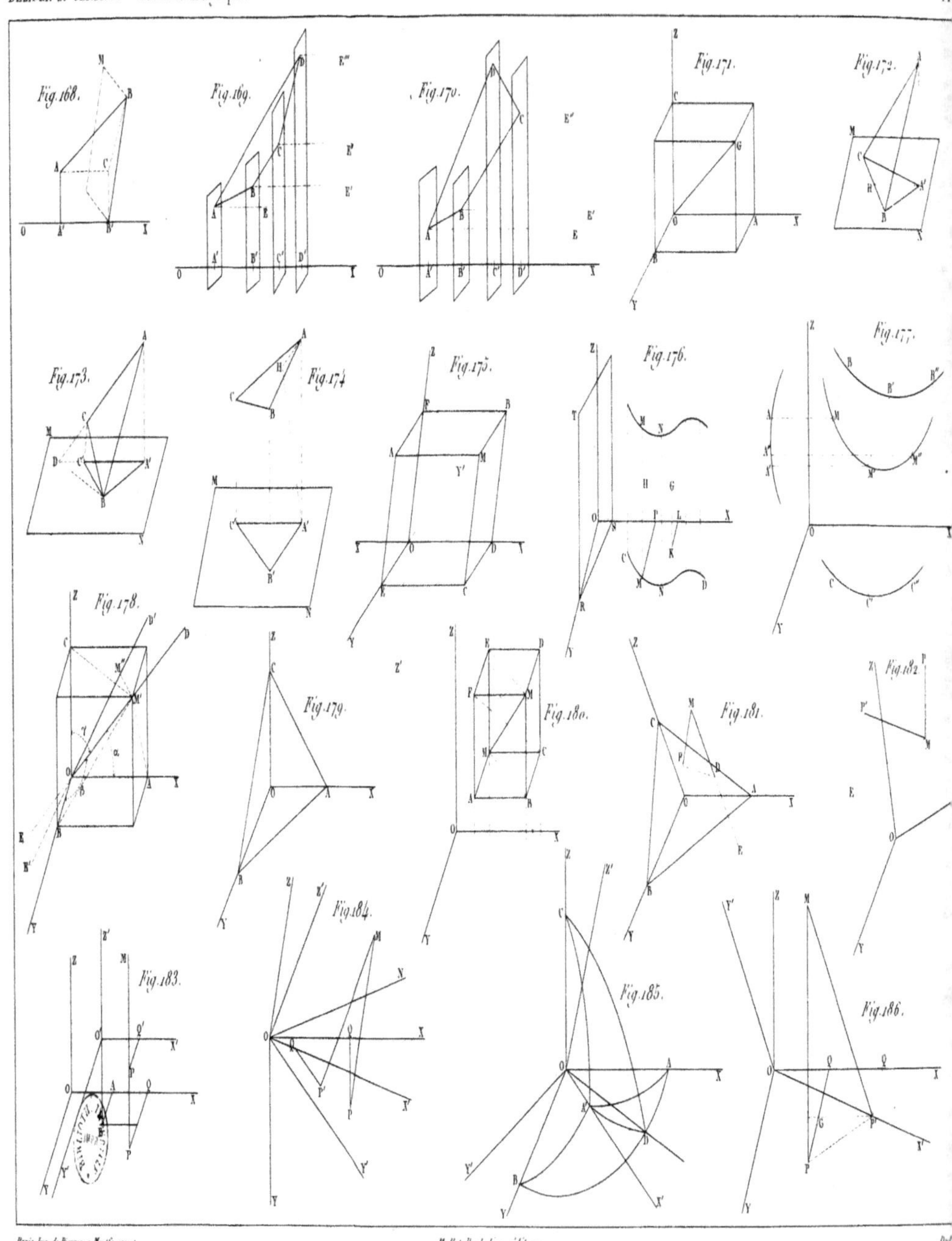

Fig.168.
Fig.169.
Fig.170.
Fig.171.
Fig.172.
Fig.173.
Fig.174.
Fig.175.
Fig.176.
Fig.177.
Fig.178.
Fig.179.
Fig.180.
Fig.181.
Fig.182.
Fig.183.
Fig.184.
Fig.185.
Fig.186.

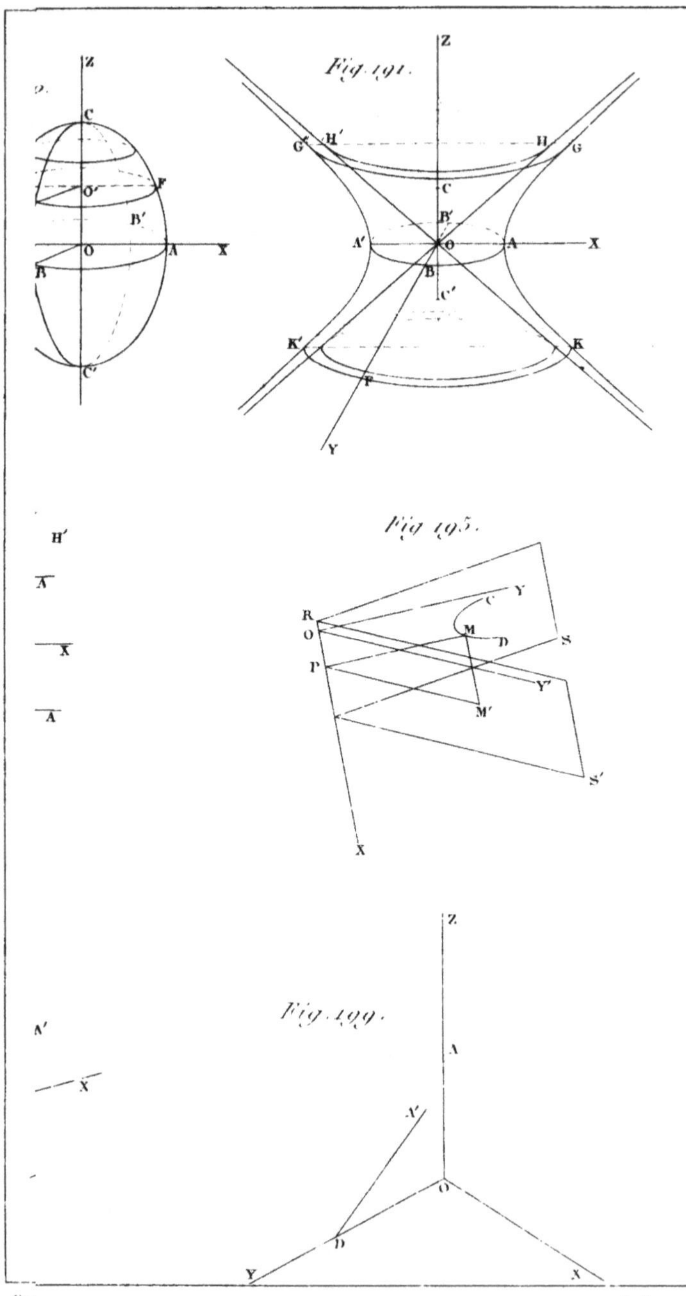

Z
Fig. 191.
Z
C
O'
B'
F
O A X
B
C'
H' H
G' G
C
B'
A' O A X
B
C'
K' K
F
Y
Fig. 195.
R Y
C'
O M D S
P Y'
M'
S'
X
H'
A
X
A
Z
Fig. 199.
A
N'
X'
X
O
D
Y X

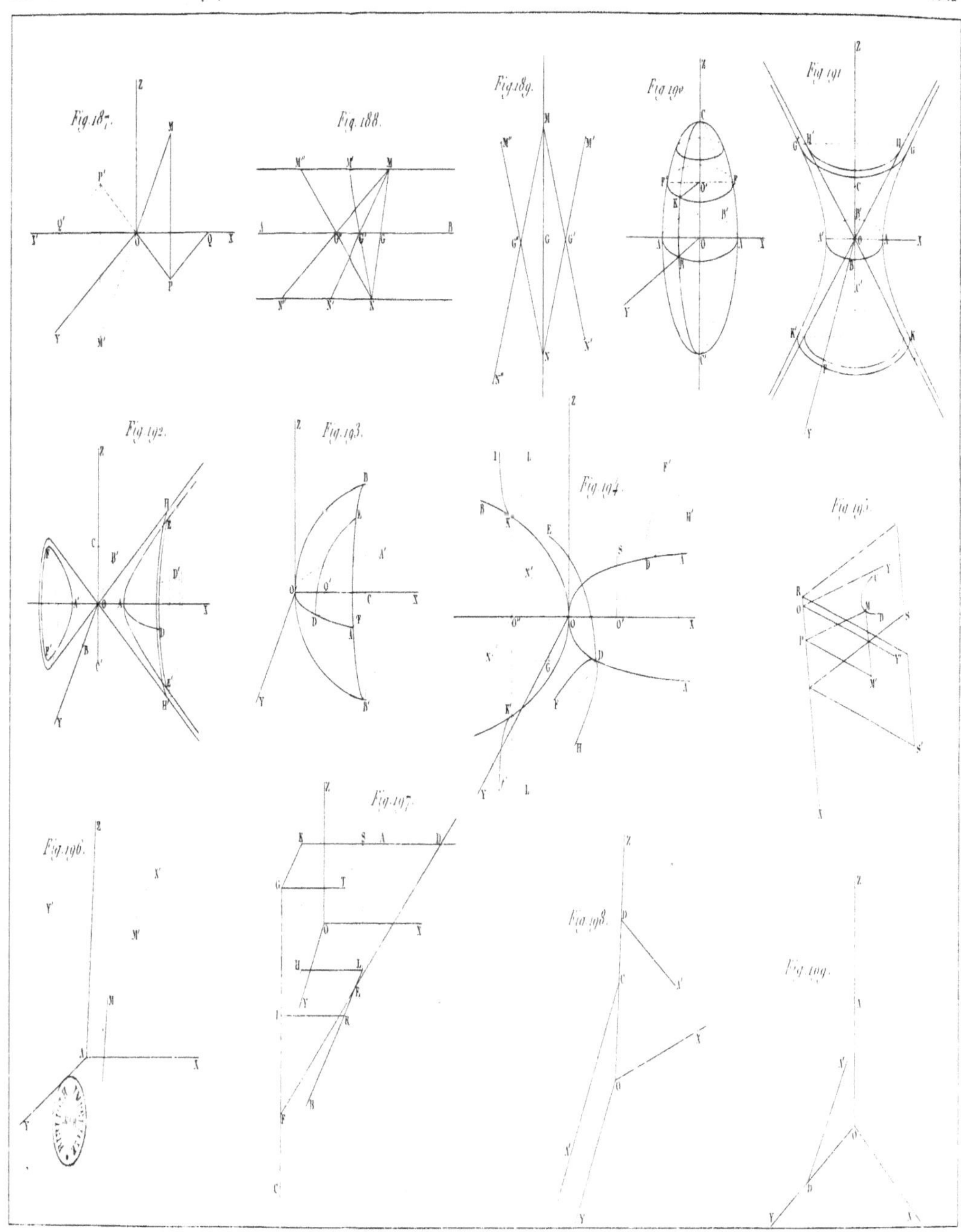

Fig. 187.
Fig. 188.
Fig. 189.
Fig. 190.
Fig. 191.
Fig. 192.
Fig. 193.
Fig. 194.
Fig. 195.
Fig. 196.
Fig. 197.
Fig. 198.
Fig. 199.